Svenja Hofert

Praxismappe für die kreative Bewerbung

Wie Sie auffallen und überzeugen

Eichborn

Svenja Hofert betreibt ein Büro für »Karriere & Entwicklung« in Hamburg *(www.karriereundentwicklung.de)*. Sie berät Bewerber und Freiberufler in Sachen Bewerbung, Bewerbungsstrategie, Vorstellungsgespräch und Karriereplanung – vor allem unter dem Aspekt des cleveren und kreativen Selbstmarketings.

Die Fotos in diesem Buch stammen vom Fotodesigner Davide Michaels aus Nürnberg. Michaels hat sich auf kreative Porträtfotografie spezialisiert *(www.davidemichaels.com)*. Eine Ausnahme ist das Foto auf Seite 69, das von den Hoffotografen aus Berlin zur Verfügung gestellt wurde *(www.hoffotografen.de)*.

1 2 3 4 09 08

Umschlaggestaltung:
Redaktion: Nina Porsch
Layout und Satz: Oliver Schmitt
Druck und Bindung:
ISBN 978-3-8218-5950-7

Eichborn Verlag, Kaiserstraße 66, D-60329 Frankfurt am Main
Mehr Informationen zu Büchern und Hörbüchern aus dem Eichborn Verlag finden Sie unter www.eichborn.de.

Inhalt

Fast Reader

Vor allem Bewerber mit einem »bewegten« Lebenslauf, Lücken und Brücken in ihrer beruflichen Laufbahn müssen sich auch in Zeiten des Fachkräftemangels abheben und für sich werben. Wer keine Spitzennoten, nicht das »ideale« Alter oder den hundertprozentig passenden Lebenslauf hat, braucht die besseren Argumente, mehr Persönlichkeit – und Kreativität.

Die Standardbewerbung von der Stange ist indes für niemanden empfehlenswert, geht doch jede Persönlichkeit und individuelle Erfahrung in Floskeln und unpersönlichen Formulierungen unter. Sie haben nur eine Chance, wenn Sie den Job wirklich wollen: besser sein als die Masse, durch Argumente auffallen, eine klare Sprache und angemessene Gestaltung. Aufmerksamkeit gewinnen, individuell sein – und originell so weit, wie es der jeweilige Job zulässt.

Doch Vorsicht! Konfettischnipsel, die in die Tastatur des Computers rieseln, schreiende Farben zur Illustration des Lebenslaufes oder ein gekünstelt witziges Anschreiben sind nicht das, womit Personaler sich gerne »reizen« lassen. Kreativität kommt nur so lange gut an, wie sie benutzerfreundlich bleibt. Denken Sie sich in Ihre Wunschfirma hinein, und erkennen Sie unternehmensspezifische Bedürfnisse.

Dieses Arbeitsbuch zeigt, wie Sie erfolgreiche Bewerbungen schreiben, indem Sie sich an die Regeln des zielgruppenorientierten Marketings halten. Sie lernen, wie Sie die Wünsche Ihrer potenziellen Arbeitgeber und Ihr eigenes Profil miteinander in Einklang bringen und kreativ sind, ohne geschmackliche Grenzen zu überschreiten. Speziell für dieses Buch entwickelte Kreativtechniken helfen Ihnen zudem, Ihren Lebenslauf und Ihre Fähigkeiten unter dem Blickwinkel des Nutzwertes für das jeweilige Unternehmen zu betrachten. Sie lernen, Ihre fachliche Qualifikation, Ihre Motivation und Persönlichkeit in Worte zu fassen und Floskeln zu vermeiden. Tipps für die Jobsuche und Initiativbewerbung sowie für spezielle Berufsgruppen wie etwa Freiberufler runden diesen Ratgeber ab.

Die Praxismappe liegt in einer komplett erneuerten und überarbeiteten Fassung vor. Sie erhalten aktuelle Beispiele zur klassischen Post-, E-Mail- und zur Internetbewerbung, neue und zeitgemäße Ideen sowie Hintergrundinformationen zur Personalauswahl.

Vorwort: Lenken Sie Ihre Kreativität in erfolgreiche Bahnen!

Liebe Leserinnen und Leser,

dieses Buch ist nun schon sechs Jahre auf dem Markt und hat viele Auflagen erlebt. Es hat manche Leserin und manchen Leser genauso durch konjunkturelle Täler wie durch die gute Wirtschaftslage begleitet. Zu keinem Buch habe ich je so viele Leserbriefe erhalten und so viel Lob. Die Leser schrieben, ich hätte einen komplett anderen Zugang zum Thema und wirklich neue Gedanken. Was mich immer am meisten freute: Meine Tipps waren erfolgreich – Bewerber erreichten damit ihr Ziel.

Die Mappe läuft seit ihrem Erscheinen gleichermaßen gut – egal wie es um die Konjunktur bestellt ist. Dies zeigt, dass die Prinzipien für eine kreative Bewerbung zu allen Zeiten gleich sind. Sie lassen sich auf eine einzige Formel fokussieren:

Eine gute kreative Bewerbung ist eine Bewerbung, die den Leser – ob Personalentscheider, »Vorauswähler« oder Fachverantwortlichen – anspricht.

Was sich einfach anhört, ist in der Praxis oft deshalb so schwer, weil es bedeutet, sich von sich selbst und der eigenen Wahrnehmung zu distanzieren und die Perspektive des anderen einzunehmen. Dies führt zwangsläufig zu der Erkenntnis, dass es Musterlösungen nicht geben kann.

Vielfach wird die Notwendigkeit des Perspektivenwechsels beim Verfassen der Bewerbungsunterlagen aber selbst in Schulungen völlig außer Acht gelassen. Manfred etwa hatte nach einem »Bewerbermarketing-Kurs« eine sogenannte »Imagemappe« aus mehreren Seiten gebastelt – grellbunt in Blau und Gelb, ergänzt von Cliparts und schlecht gescannten Fotos aus dem Privatarchiv der letzten 25 Jahre, denn »einen Fotografen kann ich mir nicht leisten«.

An sich eine gute Idee, löste diese Mappe jedoch den gegenteiligen Effekt aus. Die »Verkaufsargumente« des Wirtschaftsinformatikers mit dem Lücken-Lebenslauf waren nicht zu erkennen, seine technische Kompetenz ging völlig unter. Auch Christian setzte auf falsch verstandene Kreativität: Statt einer Bewerbungsmappe verschickte er ein aufwendiges Puzzle, aus dem sich der Personalchef Anschreiben und Lebenslauf zusammensetzen sollte. Dieser schickte Christian die Schnipsel postwendend zurück.

Viele Bewerbungen werden nie gelesen, andere werden missverstanden und aufgrunddessen aussortiert. Zwar hat sich der Bewerbermarkt seit 2006 entspannt, jedoch betrifft das längst nicht alle Bereiche. Einen hohen Zulauf haben nach wie vor beliebte Branchen wie Tourismus und Kultur oder Berufe wie Journalist oder Designer. Schwer haben es immer noch Bewerber, die Brüche im Lebenslauf haben oder keinen erkennbaren roten Faden in ihrer beruflichen Laufbahn erkennen lassen, sowie Kandidaten mit schlechten Noten oder fehlenden Abschlüssen. Auch Bewerber, die sich in einem neuen Tätigkeitsfeld oder einer anderen Branche bewerben, müssen mehr tun, als einfach nur ordentliche Unterlagen zu verschicken.

Nach wie vor fehlt den Unternehmen Personal, um die Bewerbung umfassend zu bearbeiten. Nicht selten sind es Aushilfen, die eine erste Auswahl treffen. Viele Bewerber sehen da nur eine Chance, um Aufmerksamkeit zu wecken: mit »Prunk« aufzufallen. Sie lassen sich auf wahre Materialschlachten ein. Eine meiner Klientinnen, Monika, investierte anfangs 40 Euro pro Bewerbungsmappe. Sie wählte die edelste Verpackung, das teuerste Künstlerfoto. Nur jede zweite Mappe erhielt sie überhaupt zurück, die Hälfte davon kam zerrupft und mit Kaffeeflecken beschmiert retour.

Die anderen setzen weniger auf Prunk als vielmehr auf ihre Kreativität. Eigentlich ein erfolgversprechender Weg, wenn sie diese Kreativität richtig investieren würden: in überzeugende Anschreiben, aussagekräftige Lebensläufe und eine Gestaltung, die die Argumente optimal trägt und stützt. Stattdessen konzentriert sich Kreativität häufig darauf, um jeden Preis aufzufallen. Wer übertreibt, kann es sich damit aber leicht verscherzen: »Bloß keine Bewerbungen, aus denen das Konfetti rieselt und meinen Schreibtisch ver…! Und die Nummer mit der Kaffeetasse auf dem Deckblatt ist auch total out!« – Solche oder ähnliche Statements sind immer wieder von Personalverantwortlichen zu hören.

Verständlich, dass manche Personalchefs erst einmal in Abwehrhaltung gehen, wenn sie das Wort »kreativ« im Zusammenhang mit Bewerbung hören. Jeder hat so seine Erfahrungen mit dem allzu verkrampften Versuch gemacht, sich von der Masse abzuheben. Besonders unbeliebt: Bewerber, die vor lauter Werbung nichts über die eigenen Kompetenzen aussagen. Auch nicht gern gesehen: Kandidaten, die zusätzliche Arbeit bereiten. Als hätte man nicht schon genug zu tun!

Ebenso chancenlos wie Bewerbungen à la Christian sind Musterbriefe mit abgeschriebenen Textbausteinen. Schätzungsweise 98 Prozent aller Bewerbungen bestehen zu 90 Prozent aus Floskeln wie »Hiermit bewerbe ich mich …«, »Bezug nehmend auf unser Telefongespräch …« oder »Ich zeichne mich aus durch Flexibilität, Teamfähigkeit, Kreativität und Eigeninitiative«. Wer solche Worte wählt, überführt sich noch während des Schreibens der Lüge. Es ist nicht kreativ, Formulierungen abzuschreiben und anzupassen. Und kein Bewerber belegt Eigeninitiative dadurch, dass er »Vorgekautes« wiedergibt. Textbausteine sind dafür konzipiert, möglichst nichtssagend zu sein, denn nur so lassen sie sich vielfach verwenden. Wenn Sie aber nichts aussagen, können Sie sich auch nicht selbst präsentieren. Kreativität ist also gefragt – richtig verstandene Kreativität! Kreativität, die sich allein darauf konzentriert, das Produkt – den Bewerber, Sie! – bestmöglich zu verkaufen. Und zielgruppengerecht. Bei einer kleinen Firma müssen Sie sich anders bewerben als bei einem Konzern. Die Firma A hat ganz andere Erwartungen an ihre künftigen Mitarbeiter als das Unternehmen B.

Von mir Bewerber zu dir Personalauswähler!

Das Wort Werbung ist nicht umsonst bereits im Begriff Be-Werbung enthalten. Doch Werbung ist nicht gleich Werbung. Sie drehen keinen TV-Spot für die breite Masse, sondern wenden sich an einen speziellen »Kunden«. Sie betreiben sozusagen One-to-one-Marketing, zielgruppengerechtes, auf den Kunden – den Fach- oder Personalverantwortlichen eines ganz bestimmten Unternehmens – zugeschnittenes Marketing. Das bedeutet, dass Ihr Dialog mit dem Unternehmen auf dessen individuelle Bedürfnisse zugeschnitten wird. So wie Tante Emma damals im Krämerladen jeden Besucher persönlich hofierte; so wie sie mit dem einen über das Wetter und mit dem anderen über die hohe Politik plauderte, Vorlieben kannte und berücksichtigte: »Was darf ich Ihnen anbieten? Wie gewohnt, oder darf es auch einmal etwas anderes sein?«

Übertragen Sie die Gesetze des One-to-one-Marketings auf die Bewerbung. Bei jedem Arbeitgeber führen andere Strategien zum Erfolg. Lernen Sie deshalb Ihre (vielleicht künftigen) »Pappenheimer« kennen, bevor Sie sich ans Schreiben machen! Und betonen Sie die Eigenschaften Ihres Produkts, also jene Verkaufsargumente, die dem Unternehmen wichtig sind.

Natürlich wird kaum ein Personalchef öffentlich zugeben, dass er sich von irgendetwas anderem als von Kompetenz und Persönlichkeit beeinflussen lässt. Was viele jedoch eingestehen: Liegen zwei Bewerbungen vor – eine nach »Schema F« verfasst, die andere individuell und persönlich gestaltet –, kommt die gut gemachte kreativere Bewerbung in der Regel besser an. Allein schon deshalb, weil sie signalisiert, dass sich hier jemand ganz viel Mühe gegeben und intensiv nachgedacht hat.

Der positive Nebeneffekt der intensiven Beschäftigung mit der »Zielgruppe«: Wenn Sie ein klares Bild von Ihrem eventuellen zukünftigen Arbeitgeber haben, fällt es Ihnen automatisch leichter, Ihre Bewerbungsunterlagen möglichst individuell zu verfassen und sich dadurch als »Partner für die Zukunft« zu verkaufen.

Ihre persönliche Anleitung zum »Do it yourself«

Dieses Buch versteht sich als Arbeitsbuch, als »Praxismappe«, die Ihnen hilft, Ideen für eine kreativere Bewerbung zu entwickeln – gleich in welcher Branche und in welchem Beruf Sie tätig sind. Kreative Ansätze im Text und auch in der Gestaltung kann und darf auch ein Buchhalter entwickeln – entscheidend ist die Dosis. Dieses Buch lehrt Sie, Zeichen richtig zu deuten, Unternehmenswünsche zu verstehen, sich individuell auszudrücken und Ihre Bewerbung optisch ansprechend zu gestalten. Es eröffnet neue Sichtweisen auf ein »altes« Thema. Zudem erhalten Sie ganz konkrete Hinweise, um eigene Bewerbungsideen und -strategien zu entwickeln – insofern dient es auch als Anleitung zum Selbermachen.

Die »Praxismappe für die kreative Bewerbung« behandelt zudem die Bewerbungsformen »E-Mail« und »Post« gleichwertig – denn bis auf den Übermittlungsweg gibt es längst keine inhaltlichen und optischen Unterschiede mehr. Allerdings verstecken sich in der E-Mail-Bewerbung technische Fallstricke. Ein Kapitel beschäftigt sich zudem mit der Bewerbung über Online-Bewerbungsformulare, die mittlerweile üblich ist.

Bis hin zum Vorstellungsgespräch steht Ihnen dieses Buch mit Anregungen zur Seite und vermittelt auch spezielle Tipps für Führungskräfte, Freiberufler, Handwerker und Wiedereinsteiger/-innen.

Anders sein, spezieller sein

In diesem Buch finden Sie viele Beispiele: Bewerbungsanschreiben, Deckblätter, »Seite-drei«-Variationen, Stellengesuche und Lebensläufe. Alle Beispiele stammen aus meiner Praxis und waren erfolgreich. Sie haben also zu einer Einladung zum Vorstellungsgespräch geführt und dadurch oft sogar eine Einstellung bewirkt. Geändert sind die Namen, persönliche Daten, einige berufliche Hintergründe, die Arbeitgeber sowie die Fotos. Die Fotos in diesem Buch stammen überwiegend von meinem Kooperationspartner Davide Michaels aus Nürnberg, der sich auf kreative Porträtfotografie spezialisiert hat.

Sie sehen also eine Reihe von »Erfolgsrezepten«. Das mag dazu verführen, das eine oder andere »Rezept« abzuschreiben, Formulierungen zu übernehmen. Doch die Formel für die erfolgreiche Bewerbung lautet eben nicht »Nachmachen«, sondern: selber machen. Bewerbungen sind Unikate, die es kein zweites Mal gibt und auch kein zweites Mal geben sollte. Sie können sich davon anregen lassen und Elemente übernehmen – Ihre Strategie aber sollten Sie selbst entwickeln.

Denn jedes Bewerbungsprofil, jedes Unternehmen und jede Position erfordert eine andere, kreative Herangehensweise. Wer seine Bewerbungen nach diesem Prinzip individuell verfasst, braucht keinen Marathon zu starten. Fast immer führen schon wenige gezielte Bewerbungen zum Erfolg. Denn schließlich beinhaltet eine individuelle Bewerbungsstrategie auch, dass Sie mit den verfügbaren Stellenangeboten anders umgehen als zuvor.

Anstatt Ihren »Folder« für jedes halbwegs passende Inserat anzupassen, um so Werbung unter möglichst viele potenzielle Arbeitgeber zu streuen, sprechen Sie Unternehmen gezielt an. Das erhöht den Wert jeder einzelnen Bewerbung ungemein, und das spüren auch Ihre Ansprechpartner in den Zielunternehmen. Oft ist zu lesen, Bewerben sei ein Vollzeitjob, pro Mappe müsse man einen ganzen Tag rechnen. Und kostet nicht gerade die kreative Form der Bewerbung besonders viel Zeit? – Nein, denn eine gute individuelle Bewerbung kann sehr schnell entstehen, wenn gründliche Vorarbeit geleistet wurde.

Dazu nehmen Sie zunächst einmal Ihren Lebenslauf unter die virtuelle Lupe: Haben Sie Erfahrungen gemacht beziehungsweise persönliche oder fachliche Kompetenzen erworben, die in einer strikten Chronologie untergehen würden? Wichtig können sein: eine Nebentätigkeit, ein Ehrenamt, aber auch – und das wird oft vergessen – ein spezielles Projekt, bei dem Sie genau jene Fähigkeiten zeigen oder entwickeln mussten, die im jetzt angestrebten Job hilfreich sein könnten. Mithilfe welcher Kreativtechniken sich neue Blickwinkel auf den eigenen Lebenslauf ergeben und wie Sie daraus Argumente für Ihre Vita entwickeln, lesen Sie auf den Seiten 47 bis 51.

Anders gesagt: Stimmt Ihre Basis, sind Sie sich darüber im Klaren, was Sie einem Unternehmen bieten können und welche Bewerber-Persönlichkeit Sie während des gesamten Auswahlverfahrens darstellen können und wollen? Erst wenn Sie diese Frage mit einem deutlichen »Ja« beantworten können, sollten Sie mit der gezielten Jobsuche beginnen. Je nach konjunktureller Lage und Hintergrund brauchen Bewerber zehn bis dreißig Bewerbungen, bevor sie den passenden Job gefunden haben. Ich behaupte, dass Sie es mit meinem Verfahren schneller schaffen. Vor allem steigt die Wahrscheinlichkeit, einen beruflichen Umstieg in einen anderen Bereich zu schaffen sowie mit einem schwierigen Lebenslauf zu »punkten« und zu einem Gespräch eingeladen zu werden, auch wenn das Profil nicht hundertprozentig passt.

Zahlen und Fakten zum Nachdenken

- Bis zu 95 Prozent aller Bewerbungen werden aussortiert, weil die Bewerber gar nicht zum im Inserat beschriebenen Jobprofil passen, also nicht über die nötigen fachlichen Qualifikationen verfügen. Dies ist auch auf teilweise unverständlich und ungenau formulierte Inserate zurückzuführen. Für Sie heißt das: **Bewerben Sie sich nur auf Stellen, für die Sie die Grundvoraussetzungen mitbringen. Fragen Sie nach, wenn das Stelleninserat ungenau ist.**

- Nur etwa 30 Prozent aller Stellen werden über ein Inserat, also eine offizielle Stellenausschreibung, vermittelt. **Gehen Sie andere Wege, um offene Stellen ausfindig zu machen, nutzen Sie Zielgruppenkurzbewerbungen, also innerhalb einer Branche verschickte, einseitige Bewerbungsbriefe, und Direktansprache am Telefon, siehe Seite 71 bis 75.**

- Bei einem unbekannten, aber zweifelsohne nicht unwesentlichen Prozentsatz aller ausgeschriebenen Jobs handelt es sich um Pro-forma-Inserate. Die Stellen sind längst intern vergeben oder gar nicht existent. Selbst ein Anruf vorab schützt nicht hundertprozentig vor solchen »Fakes«, da viele Firmen um Unterlagen bitten, auch wenn der Job vergeben ist. **Versuchen Sie Kontakte zu Kollegen aus der entsprechenden Abteilung zu knüpfen, um herauszufinden, ob es den Job wirklich gibt.**

- Berufseinsteiger – außer Ingenieure – landen durchschnittlich erst nach 20 Bewerbungen einen »Treffer«. Das liegt oft daran, dass sie sich ihrer Ziele nicht bewusst sind und zu breit streuen. **Definieren Sie vor der Bewerbung Ihr Berufsziel. Dazu gehört mehr als nur eine grobe Vorstellung davon: Je konkreter Sie das Ziel beschreiben können, desto leichter wird es Ihnen fallen, dieses anzustreben.**

- Großunternehmen besitzen nicht selten mehr als 200 Personalabteilungen. **Machen Sie sich von dem Glauben frei, dass überall eine einheitliche Linie für die Bewerberauswahl herrscht – und dass Sie sich nur einmal bewerben können.**

- Sie müssen nicht immer gleich mit dem Personalchef als Ansprechpartner rechnen: Nur jedes zweite Unternehmen besitzt überhaupt eine eigene Personalabteilung. **Für eine Initiativbewerbung ist das sogar von Vorteil – hier können Sie direkt den Chef oder Abteilungsleiter von sich überzeugen. Aber auch in Unternehmen mit Personalabteilung(en) kann es sinnvoll sein, direkt den Fachverantwortlichen anzusprechen.** Beispiel Lufthansa: Hier wählt erst die Fachabteilung aus, die Personalabteilung checkt sodann die Persönlichkeit und meldet ggf. einen Einspruch an. Hier und woanders entscheidet aber letztendlich der Fachvorgesetzte – im Zweifel über den Kopf der Personalabteilung hinweg.

- Schätzungsweise 98 Prozent aller Bewerbungen landen nie auf dem Tisch des Personalchefs, da Sachbearbeiter oder sogenannte Recruiter die Vorauswahl treffen. Daraus folgt:

  1. Arroganz gegenüber der Sachbearbeiterin oder Sekretärin ist gefährlich – oft entscheidet sie.

  2. Am Telefon stets freundlich sein, auch wenn Sie nicht mit dem Personalchef selbst, sondern »nur« mit einem Mitarbeiter sprechen.

  3. Es kann sinnvoll sein, zum Abteilungsleiter, eventuell zum Firmenchef, am besten jedoch zum zuständigen Fachverantwortlichen vorzudringen und diesen direkt (aber dezent) auf sich aufmerksam zu machen.

Was macht eine gute Bewerbung aus? Das sagen Personaler

»Kreative und individuell gestaltete Bewerbungen sehen wir gerne. Persönlich gestaltete Unterlagen zeigen schließlich, dass sich der Bewerber wirklich für den Job interessiert. Habe ich zwei Bewerber mit gleicher Qualifikation, bevorzuge ich den, der sich mit seiner Bewerbung mehr Mühe gemacht hat und besser von sich überzeugen kann.«

Steria Mummert, Unternehmensberatung Hamburg
Janet Volkmann, Personalreferentin

»Je pfiffiger und individueller Unterlagen gestaltet sind, desto ansprechender ist eine Bewerbung.«

Siemens AG, Hans-Christoph Kürn, Leiter Recruiting Support Center, München

»Der Kreativität sind grundsätzlich keine Grenzen gesetzt, jedoch sollte eine Bewerbung übersichtlich und aussagefähig bleiben. Einen hohen kreativen Spielraum bietet sicherlich das Bewerbungsanschreiben.«

Telekom AG, Marion Muhr, Personalchefin, Bonn

»Wir bevorzugen den amerikanischen Stil. Das bedeutet: Der Bewerber sollte zum Ausdruck bringen, was er erreicht hat, welche Projekte er durchgeführt und wie viel Verantwortung er getragen hat. Was interessiert ihn, welche Fähigkeiten zeichnen ihn aus und was bringt er unserem Unternehmen? Wer das deutlich machen kann, hat schon mal sehr gute Karten.«

Vocatus AG, Marktforschung, Dr. Gaby Wiegran, Vorstand, München

Sieben Gesetze für eine gute, kreative Bewerbung

Auf den ersten Blick ergeben sich aus den obigen Kommentaren von Personalern sehr unterschiedliche Aussagen, auf den zweiten Blick liegen jedoch alle recht nahe beieinander. Deshalb lassen sich aus dieser kleinen Auswahl von eingeholten Statements sieben Gesetze ableiten, die definieren, was eine gute, kreative Bewerbung ausmacht:

§ 1 Persönlichkeit zeigen

Verfassen Sie Ihre Bewerbung individuell und kupfern Sie nicht ab. Was bei Ihren Freunden funktioniert, kann bei Ihnen selbst nur »in die Hose gehen«. Gute kreative Bewerbungen strahlen Persönlichkeit aus, sind einzigartig und sollten nicht als Kopiervorlage dienen.

§ 2 Fakten liefern

Ihre Bewerbung muss den Gewohnheiten des Personal- und/oder Fachverantwortlichen entgegenkommen, das heißt übersichtlich sein und alle Tatsachen enthalten und präsentieren.

Abs. 1: Begnügen Sie sich im Lebenslauf nicht mit einer Auflistung Ihrer bisherigen Tätigkeitsbezeichnung(en), sondern füllen Sie diese mit Inhalt. Auch erfolgreich abgeschlossene Projekte sind Fakten – sehr wichtige Fakten sogar, die unbedingt in Ihre Bewerbung gehören! Setzen Sie dabei allerdings Akzente, und listen Sie nicht alle Projekte auf, sondern nur die wichtigen beziehungsweise für diese spezielle Bewerbung relevanten.

Abs. 2: Lassen Sie niemals eine Form von Lebenslauf zu, durch die der Eindruck von Lücken entsteht. Abschnitte wie »Ausbildung« und »Berufspraxis« gehören in eine Vita hinein.

§ 3 Auf das Wesentliche beschränken

Die Gestaltung Ihrer Bewerbung darf nicht vom Wesentlichen – also der Information über den Bewerber – ablenken, sondern muss dieses im Gegenteil stützen. Extravagantes Layout ist grundsätzlich mit Vorsicht zu genießen.

§ 4 Nerverei unterlassen

Ihre Bewerbung darf kein Nervpotenzial beinhalten: Alles, was dem Personalverantwortlichen Arbeit bereitet, ist tabu – ob Konfetti im Anschreiben, Bewerbungen zum Zusammenlegen (Puzzles) oder verteilte Information (»Wenn Sie mehr über mich wissen wollen, besuchen Sie doch meine Website oder rufen Sie mich an!«). Vor allem bei Großunternehmen kommen Sie damit nicht weiter. Anders kann es allerdings bei manchen kleinen Firmen aussehen.

Abs. 1: Achten Sie auf Verständlichkeit. Die Nutzung von Branchen-Kauderwelsch ist zu unterlassen, vor allem, wenn Sie sich in einer anderen Branche bewerben. Kein Personaler hat Zeit für »Übersetzungen«. Auch die Gestaltung sollte ein einheitliches Bild vermitteln (gleiche Farben, Logos, Signaturen auf jeder Seite).

§ 5 Einheitlichkeit vermitteln

Ihre Bewerbung muss in sich geschlossen sein – vom Deckblatt bis zum Lebenslauf. Ein steifer Lebenslauf und ein lockeres Anschreiben – das ist ein Bruch!

§ 6 Passend bewerben

Ihre Bewerbung muss zu Ihrer Person und zum angestrebten Tätigkeitsbereich passen. Auch ein Controller kann sich ungewöhnlich bewerben, nur muss seine Strategie sich von der eines Webdesigners unterscheiden. Idealerweise spiegeln sich Ihre Skills im Lebenslauf wider. Beispiel: Während der Controller auch zwischen den Zeilen Zahlenverständnis, Ordnungssinn und Zielstrebigkeit ausstrahlen sollte, reicht der Webdesigner mit seiner Bewerbung eine Arbeitsprobe ein – oder bietet zumindest einen Vorgeschmack auf diese. Während der eine seine Erfolge belegen muss (Zeugnisse), kann der andere sich mit dem »Vorzeigen« begnügen.

§ 7 Zielgruppe anvisieren

Ihre Bewerbung muss zum Unternehmen, dem Unternehmensimage und seinen Zukunftswünschen (Visionen) passen sowie auf das eingehen, was im Inserat gefordert ist. Die Zielgruppenanalyse ist Basis Ihrer Bewerbung.

Abs. 1: Berücksichtigen Sie auch die Unternehmensgröße. In kleinen und vielen mittelständischen Unternehmen haben Sie es häufig gar nicht mit einer Personalabteilung zu tun, sondern direkt mit dem Chef oder Fachverantwortlichen. Diese denken meist weniger schematisch und nach vorgegebenen Einstellungskriterien als Personalabteilungen. Die Chance, hier mit einem individuellen Auftritt zu überzeugen, ist tendenziell größer.

Abs. 2: Doch Vorsicht: Branchenspezifische Unterschiede und die jeweilige Unternehmenskultur spielen eine bedeutende Rolle. Manche Mittelständler sind konservativ. Informieren Sie sich also gut über den vielleicht künftigen Arbeitgeber!

Der Praxistest: Persönlichkeit gewinnt gegen Schema F

Auf den folgenden Seiten stelle ich Ihnen fünf Erfolgsbewerbungen vor, die ganz unterschiedliche Herangehensweisen repräsentieren und Kreativität auf verschiedene Art einsetzen. Alle Bewerbungen basieren auf Original-Beispielen aus meiner Praxis und führten zur Einladung zum Vorstellungsgespräch, oft auch direkt zum Arbeitsvertrag.

Annabelle will zum Film

Annabelles Hintergrund

Diese Testbewerbung basiert auf dem Lebenslauf einer Studentin, die ihr Studium abgebrochen hat. Annabelle stellt im Laufe ihres Germanistikstudiums fest, dass eine akademische Laufbahn nicht ihrem Wesen entspricht. In den Vorlesungen fühlt sie sich verloren und fehl am Platz, das »intellektuelle Getue« nervt sie. Statt Goethe liest sie *Glamour*. Karriere interessiert sie nicht.

Beim Jobben stellt sich immer wieder heraus, dass Annabelle großes Talent zum Organisieren besitzt. Wo es turbulent zugeht, da fühlt sie sich wohl. Sie mag es flippig, ist aber selbst nicht der Typ, der unbedingt im Mittelpunkt stehen muss.

Bei ihren Tätigkeiten begeistert sie durch ihr offenes Wesen sowie die Lust daran, auf Menschen zuzugehen und mit ihnen zu kommunizieren. Dabei zeigt sie viel Fantasie und schafft es, selbst verärgerte Anrufer am Telefon wieder mild zu stimmen.

Annabelle würde am liebsten direkt Geld verdienen und einen einigermaßen überschaubaren Tagesablauf haben (»bloß nicht um 20 Uhr noch im Büro hängen«). Eine Ausbildung kommt für sie erst einmal nicht infrage. Sie möchte gleich in einem Vollzeitjob loslegen.

Annabelles Strategie

Für Annabelle kommen große Firmen nicht infrage. Unternehmen mit mehr als 300 Mitarbeitern wären ihr zu unüberschaubar und hierarchisch. Sie wünscht sich einen persönlichen Draht zu allen Kollegen und zum Chef.

Da sie sich gern bunt kleidet und auch keine Lust hätte, tagaus, tagein in Sekretärinnen-Grau zu posieren, sollte sie konservative Firmen meiden. Ideal für sie sind Werbeagenturen – oder die Filmfirma, bei der ich mich letztendlich unter ihrem Namen bewarb.

Wo Annabelle Jobs finden kann

Inserate, die zu Bewerbern wie Anabelle passen, finden Sie im Internet in Stellenmärkten wie *www.horizont.de*, *www.medienhandbuch.de*, *www.dasauge.de*, bei *www.wuv.de*, *www.bremerblum.de* oder *www.designerdock.de*.

Annabelle Bildermann, Vorlagenstraße 67, 22200 Hamburg, T.: 040 76589012, E-Mail: annabelle@bildermann.de

TOP PRO FILM

O O O O O O O O O O O O O O O O O O O O

O O O O

Top Pro GmbH, Geschäftsführung, Frau Andrea Geding, Feenteich 27, 60012 Frankfurt. Guten Tag, Frau Geding, Ihr Inserat im „Filmjahrbuch“ hat mich neugierig auf Ihre Firma gemacht. Und neugierig auf den Job, der sich sehr spannend anhört. Vielleicht bin ich ja die junge, kommunikative und textgewandte Dame, die Sie suchen? Seit zwei Jahren arbeite ich neben dem Studium in einer Werbeagentur als Sekretärin und Mädchen für alles. Das Organisieren und schnelle, abwechslungsreiche Arbeiten macht Spaß, und so habe ich mich entschlossen, mein Studium zu beenden, um nach einer dauerhaften Position Ausschau zu halten. Ich bin einfach kein Akademiker-Typ, und Karriere bedeutet mir nichts – viel wichtiger ist Freude an der Arbeit! Derzeit wohne ich vorübergehend bei meinem Vater in Hamburg, möchte aber Anfang des Jahres nach Frankfurt zurückkehren. Ich komme aus Stuttgart und habe ein Zimmer in einer WG in Oppel, das ist zwischen Frankfurt und Stuttgart gelegen.
Über ein persönliches Gespräch würde ich mich jedenfalls wahnsinnig freuen! Besten Gruß

4. August 2008
Annabelle

LEBENSLAUF

Geboren am 14. Oktober 1982 in Frankfurt, Grundschule, Gymnasium 1988 bis 2001. WS 2003 bis WS 2007 Studium der Germanistik, Anglistik und Pädagogik. Neben dem Studium: Officetätigkeiten bei verschiedenen PR- und Werbeagenturen. Sprachen: Englisch fließend, Französisch gut, Spanisch so lala. Computer: Word; Excel, Access, PowerPoint, etwas QuarkXpress. Hobbys: Reiten, Aerobic.

PS: Ich beherrsche die Briefnormen natürlich aus dem Effeff, aber manchmal finde ich es gut, mit dem Gewohnten zu brechen.

O O O O

Kreative Aspekte dieser Bewerbung

Im Inserat ist eine Persönlichkeit gefragt, jemand, der begeistern kann und sich von anderen begeistern lässt. Jemand, der schnell ist, ohne auf der Karrierespur überholen zu wollen. Eine gute Seele und ehrliche Haut. Deswegen ist auch der Text ehrlich und offen, sagt ohne Umschweife, was »Sache« ist. Auch Überschwängliches – »würde ich mich wahnsinnig freuen!« – passt hier zu Firma und Bewerberin, denn in der Ausdrucksweise schwingen Natürlichkeit und Begeisterungsfähigkeit mit.

Das Layout signalisiert zudem Schnelligkeit (Punkte, die weiterlaufen und den Text dennoch einschließen; schnell, aber verlässlich zum Ende kommend – bewusst endet die Zeile mit vier Punkten und nicht mit drei, da dies mit Gedankenpunkten hätte verwechselt werden können). Durch den Zusatz, dass Annabelle es manchmal gut findet, mit dem Gewohnten zu brechen, aber dennoch alle Normen beherrscht, sichert sie sich neben dem Sympathie- auch einen Kompetenzbonus.

Die Reaktion auf die Unterlagen kam direkt vom Geschäftsführer: »Das Anschreiben wirkte natürlich: Die Dame wollte ich sofort kennenlernen. Das Firmenlogo am Anfang des Textes hat mich gleich angesprochen. Woher hat sie das, habe ich mich gefragt. Die Lust, gerade bei uns zu arbeiten, kam klar zum Ausdruck. Dass sie ihr Studium abgebrochen hat und keine Lehre vorzuweisen hatte, war für mich völlig unerheblich.«

Oskar sucht – und findet

OSKAR SUCHT

eine/n Mitarbeiter/in für den

EMPFANG AM VORMITTAG

Sie begrüßen unsere Besucher und betreuen die Telefonzentrale. Wochentags von 8:30 bis 13:30 Uhr sind Sie Oskars Stimme und damit der erste Kontakt für unsere Kunden.

Sie sind fröhlich, kommunikationsstark und äußerst zuveflässig. Mit Ihrem Teamgeist möchten Sie in einem jungen, innovativen Medienhaus arbeiten.

Das passt? Wir freuen uns auf Ihre Bewerbung.

KONTAKT:
Oskar Medien AG, Angelika Ebers
Lindenstraße 91, 21215 Hamburg
E-Mail: bewerbung@oskar.de
www.oskar-medien.de, www.oskar.de

Übrigens: Oskar vergibt auch einen Praktikumsplatz im Bereich Werbekauffrau/mann.

Die Ausgangsanzeige habe ich anonymisiert, mich dabei aber an Originalgrafik und -text orientiert. Die Anzeige war eine klassische Tageszeitungsanzeige. Solche Anzeigen sind, Internet hin oder her, gerade bei standardisierten und einfacheren Jobs immer noch sehr verbreitet. Gerade kleine und kreative Unternehmen bereiten solche Anzeigen gern sehr individuell auf.

Marias Strategie

Anschreiben: Maria ist Mutter und möchte nur Teilzeit arbeiten. Oft hat sie das Problem, dass das als unter ihrer Qualifikation liegend gewertet wird. Doch Maria hat andere Prioritäten, ihr geht es nicht um Karriere, ihr geht es um Spaß bei der Arbeit: Sie ist ein extravertierter, freundlicher Mensch und hat Freude an der Kommunikation. Ihre Strategie ist es, Optik und Ton der Anzeige zu »kontern«, indem sie auf die geforderten Punkte ganz natürlich und ohne sprachliche Verrenkungen eingeht.

Im Lebenslauf zeigt sich Maria mit einem Telefon in der Hand, den Leser anlächelnd. Die für die Personalentscheidung wichtigsten Punkte hat sie links neben dem Foto untergebracht. Das ist ungewöhnlich, aber sinnvoll, denn diese Position ist ein Blickfänger, der leider viel zu selten genutzt wird, wenn er die Tätigkeit nicht beurtei-

MARIA SIBERS

Weichselmünder Straße 82 ▸ 20249 Hamburg ▸ Telefon 040 7654321 ▸ m.sibers@sibershome.de

Oskar findet mich gut

Oskar Medien AG
Angelika Ebers
Lindenstraße 91

21215 Hamburg

Juli 08
28

Empfang am Vormittag
Ihre Anzeige im „Hamburger Abendblatt“ vom 28.01.2008

Liebe Frau Ebers,

die fröhlichen, witzig gestalteten Karten und auch die E-Card der Woche haben mir immer gut gefallen. Wenn ich von OSKAR spreche, dann mit Begeisterung. Was liegt also näher, als „Oskars Stimme“ am Telefon zu sein – zumal dieser Job ideal in meine jetzige Lebensplanung passt und „Sprechen“ eine meiner Leidenschaften ist?

Die von Ihnen geforderten Voraussetzungen erfülle ich voll und ganz:

- **fröhlich: absolut!**
- **kommunikationsstark: rufen Sie mich mal an!**
- **äußerst zuverlässig: 100%ig!**

Nebenbei bringe ich aus jahrelanger Tätigkeit an der Rezeption einer bekannten Wellness-Kette Erfahrung mit Kunden und Spaß am Umgang mit Menschen mit.

Testen Sie meine Telefonstimme, und laden Sie mich zu einem persönlichen Gespräch ein unter 040 7654321!

Mit freundlichen Grüßen

Maria Sibers

MARIA SIBERS

Weichselmünder Straße 82 ▸ 20249 Hamburg ▸ Telefon 040 7654321 ▸ m.sibers@sibershome.de

Lebenslauf

SPRACHEN

Sehr gutes Englisch
Fließend Französisch
Etwas Russisch

COMPUTER

MS Word auf dem aktuellen Stand
MS Excel, auch Kalkulation (Kurs)
Photoshop (Hobby)
Internet (Leidenschaft)

PERSÖNLICHES

Geboren am 10.10.1966 in Köln
3 Kinder (Florian, Maximilian und Britta)
Verheiratet – das erste Mal, seit 20 Jahren

BERUFSERFAHRUNGEN

Seit 7/2008	Jobsucherin *Mein eigenes Unternehmen, Hamburg*
3/1993 bis 06/2008	Rezeptionistin in Teilzeit *Alixia GmbH und Co. KG, Hamburg* sowie: Familienmanagement, Schulorganisatorin und Kuchenbäckerin, Sängerin in einer Popband, Netzwerkerin am Telefon (Vollzeit)
5/1991 bis 2/1993	Vertriebsmitarbeiterin Innendienst *Cargo AG, München*

Ausbildung und Schule

1989 bis 1991	Abgeschlossene Lehre zur Groß- und Außenhandelskauffrau *Cargo AG, München*
1987 bis 1989	Studium Germanistik, Slawistik und Romanistik *Universität Köln*
1986 bis 1987	Au-pair in Lille, Frankreich
1986	Abitur

München, 28.07.2008

Maria Sibers

len kann, da die Beschäftigungszeiten überwiegend durch Abwesenheit geprägt waren.

Den Lebenslauf hat Maria Sibers auf die wesentlichen Aussagen reduziert. Dass die vorherige Tätigkeit durch Erziehungszeiten unterbrochen war, erwähnt sie nicht. Dies ist legitim, solange die Unterbrechungen kurz waren und eine wirkliche Berufstätigkeit bestanden hat. Dieser Punkt wird immer wieder kontrovers von Beratern diskutiert. Meine Erfahrung belegt eindeutig, dass lange Zahlenkolonnen mit genauen Angaben der Erziehungs-/Elternzeiten die Einladungschancen senken – sie sind verzichtbar, solange ein Arbeitsverhältnis bestand. Auch im Zeugnis müssen Mutterschutz und Elternzeit nur erwähnt werden, wenn der Angestellte darauf besteht – der Arbeitgeber darf es ohne dessen Einverständnis nur hineinschreiben, wenn er die Tätigkeit nicht beurteilen kann, da die Beschäftigungszeiten überwiegend durch Abwesenheit geprägt waren.

Wo Maria Jobs finden kann

Teilzeitjobs und standardisierte Tätigkeiten (Office, Empfang etc.) werden immer noch häufig in der örtlichen Tageszeitung ausgeschrieben. Diese Jobs finden oft einen enormen Anklang, vor allem wenn interessante Unternehmen sie ausschreiben – oder wenn es um spannende Tätigkeiten geht, wie etwa die Organisation von Veranstaltungen. Sie haben hier durch eine kreative Bewerbung eine besondere Chance, sich von der Masse abzuheben und positiv wahrgenommen zu werden.

Roman Armin Leichow – ein Magister will hoch hinaus

Romans Hintergrund

In Zeitschriften wie *Handelsblatt Junge Karriere* suchen Konzerne ständig nach Nachwuchs. Heiß begehrt: BWLer mit Top-Noten und Auslandserfahrung. Roman Leichow hat zwar ein Wirtschaftsstudium, jedoch »nur« einen Magister absolviert, mit einer für diesen Fachbereich eher durchschnittlichen Note.

Seine Vorteile liegen in der internationalen Einsetzbarkeit und den sehr guten Sprachkenntnissen. Außerdem hat er schon einiges an Berufserfahrung vorzuweisen: Er war zuletzt kaufmännischer Leiter bei einem spanischen Süßwarenhersteller, wo er allerdings mit Klima und Bezahlung unzufrieden war. Jetzt sucht er den Karrieresprung zu neuen Ufern.

Romans Strategie

Roman konzentriert sich auf seine Auslandserfahrung und betont die persönlichen Skills. Zudem bringt er deutlich zum Ausdruck, dass er (weiterhin) eine Beschäftigung im spanischsprachigen Ausland anstrebt. Wichtigstes Element seiner Bewerbung ist der übersichtliche Lebenslauf im Querformat, den er mit einer schmückenden Leiste versehen hat.

Zudem hat er viel Kreativität in die Ausarbeitung klarer und leicht verständlicher Aussagen gesteckt. Die übersichtliche Präsentation der wesentlichen Fakten in einer Art Notizzettel am Rande des Textes soll Aufmerksamkeit wecken und seine »Features« noch einmal auf den Punkt bringen.

Wo Roman Jobs finden kann

Roman sollte Jobbörsen wie Monster *(www.monster.de)*, Xing *(www.xing.com)*, Stepstone *(www.stepstone.de)* oder Jobware *(www.jobware.de)* konsultieren. Vor allem Xing ist derzeit ideal für alle, die gefunden werden möchten. Für international ausgerichtete Bewerber empfiehlt sich zusätzlich Linked-In.com. Die Zahl der Anfragen über Xing ist derzeit qualitativ höher und größer als über die Datenbanken der klassischen Online-Stellenbörsen.

Roman Armin Leichow
c/o Odysseus, 28050 Madrid, Spanien
Telefon privat: + 34 91 22 33 44

- Exportmanager, seit sechs Jahren in Spanien lebend
- Erfahren in der kaufmännischen Leitung und im Marketing
- Diplom-Betriebswirt, zahlreiche Zusatzqualifikationen
- Perfekt Spanisch, Englisch, Französisch
- Organisationsstark und analytisch denkend

Bau Schmitz AG
Personalabteilung
Mario Listfeld
D-65326 Aarbergen

15. Mai 2008

FAZ vom 28. April 2008: Sie suchten einen kaufmännischen Leiter

Sehr geehrter Herr Listfeld!

Analytisch denkend, organisationsstark, zielstrebig: Ich bringe alle Persönlichkeitsmerkmale mit, die Ihnen wichtig sind. Darüber hinaus verfüge ich über die notwendigen Qualifikationen, um die Aufgabe als kaufmännischer Leiter Ihrer Dependance in Madrid mit Erfahrung, Know-how und Engagement auszufüllen.

Derzeit als Export Manager für den kaufmännischen Bereich bei Productos Marcantos verantwortlich, bin ich auf der Suche nach neuen Herausforderungen und beruflicher Weiterentwicklung.

Seit Abschluss meines Studiums der Betriebswirtschaft an der Universität Hamburg im Dezember 2001 lebe und arbeite ich in Spanien. Bei meinem derzeitigen Arbeitgeber habe ich die Import- und Exportabteilung als kaufmännischer Verantwortlicher aufgebaut.

Im Januar 2006 beförderte mich mein Arbeitgeber zum kaufmännischen Leiter der Exportabteilung. Während dieser Zeit festigte und erweiterte ich unsere Marktstellung, sodass wir heute im Rahmen unseres Produktes einen Anteil von zirka 75 Prozent am europäischen Markt besitzen.

Aufgrund meines Studiums und meiner beruflichen Tätigkeiten in verschiedenen Ländern habe ich unterschiedlichste Kulturkreise kennengelernt, spreche und schreibe perfekt Spanisch, Englisch und Deutsch und beherrsche darüber hinaus die französische Sprache.

Von Ihnen gewünschte Eigenschaften wie Kreativität, Eigeninitiative und Flexibilität liegen in meinem Naturell. Durch meine jetzige Tätigkeit durfte ich zudem Führungsqualitäten in der Praxis unter Beweis stellen und ausprägen.

Konnte ich Ihr Interesse wecken? Ich würde mich freuen, Sie in einem persönlichen Gespräch kennenzulernen.

Freundliche Grüße

Im Anschreiben fällt der kleine Notizzettel als kreatives Gestaltungselement und unaufdringlicher »Hingucker« auf. Daneben überzeugen die klaren Worte und die prägnante Darstellungsweise.

Lebenslauf von Roman Leichow

geb. 26.01.1974 in Hamburg, ledig, Exportmanager

- Exportmanager, seit sechs Jahren in Spanien lebend
- Erfahren in der kaufmännischen Leitung und im Marketing
- Diplom-Betriebswirt, zahlreiche Zusatzqualifikationen
- Perfekt Spanisch, Englisch, Französisch
- Organisationsstark und analytisch denkend

Kontakt
Roman Armin Leichow
28050 Madrid, Spanien
Tel + 34 91 22 33 44
E-Mail: leichow@gmb.es

BERUFSPRAXIS

September 2004 bis heute:
Export Manager
Productos Marcantos, S.A., Barcelona, Spanien
Hersteller und Vertrieb von Süßwaren

Januar 2006:
Beförderung zum kaufmännischen Leiter der Exportabteilung

Schwerpunkte dieser Tätigkeit:
- Verantwortlich für Import und Export, Buchhaltung
- Erschließung und Entwicklung neuer Märkte, Akquise
- Erstellung und Einführung von Verkaufsstrategien
- Lancieren von neuen Produkten auf internationalen Märkten
- Koordination und Kontrolle von Repräsentanten

AUSLANDSAUFENTHALTE

April 1998 bis März 1999:
Santiago de Chile, Chile

Praktikum in der Abteilung für Internationale Angelegenheiten der Federación de Chilenos

BERUFLICHE WEITERBILDUNG

Februar 2005 bis Juli 2005:
Verkaufskurs ABCD, Barcelona, Spanien,
Abschlussnote „sehr gut"

Oktober 2003 bis Juni 2004:
Kurs für Außenhandelswirtschaft DEFG, Barcelona, Spanien,
Abschlussnote „gut"

Oktober 2003 bis August 2004:
Export Manager Assistant
Lasominsa, S.A., Barcelona, Spanien
Hersteller von Gartenmöbeln

Schwerpunkte dieser Tätigkeit:
- Koordination von internationalen Projekten
- Kontrolle von internationalen Zahlungen
- Kontrolle von Projekten vor Ort, Kundenbetreuung
- Abwicklung von Bankgeschäften

AUSBILDUNG

Januar 2002 bis September 2003:
European Doctoral Programme in Small Business Management in Kiel,
Abschlussnote „gut"

Oktober 1995 bis Dezember 2001:
BWL-Studium, Universität Hamburg,
Abschlussnote „gut"

Oktober 1993 bis Oktober 1995:
Militärdienst im Luftwaffenmusikkorps Hamburg

1993:
Abitur am Gymnasium Klein Flottbeck,
Abschlussnote 1,8

SPRACHEN

Deutsch:	Muttersprache
Spanisch:	„sehr gut"
Englisch:	„sehr gut"
Französisch:	„sehr gut"

EDV, INTERNET

Microsoft Office (Word „sehr gut", Excel „gut", Access „mittel", PowerPoint „sehr gut")
SPSS
AS400
gute Internetkenntnisse

STÄRKEN

Organisation und Planung
Sehr gute analytische Fähigkeiten
Hervorragendes Zahlenverständnis

PRIVATE VORLIEBEN

Klassische Musik
Klarinette
Klavier
Lateinamerikanische Literatur
Theater
Squash

Madrid, 25.05.2008

Roman Leichow

Die erste und zweite Seite des Lebenslaufs (stark verkleinerte Darstellung, Originale im DIN-A4-Format): Das Querformat ermöglicht einen ganz anderen Aufbau der Fakten. Wieder taucht der Notizzettel auf – als »Reminder« und gestalterisches Element.

Gerade auch bei Xing sollte Roman auf eine klare und vollständige Darstellung achten und die Seite »Über mich« für weitere Informationen nutzen, die im Profil keinen Platz haben.

Die Reaktion auf die Unterlagen

Bei Romans Bewerbung handelt es sich um ein Original. Da sein Chef nichts von dem »Bewerbungstuning« erfahren soll, fasse ich hier einfach zusammen, was Roman vom Auswahlverfahren berichtet hat:

»Innerhalb von 14 Tagen wurde ich zum Vorstellungsgespräch eingeladen und bin dann nach Deutschland in die Konzernzentrale geflogen. Was ich nicht für möglich gehalten hätte: Ich bekam am Ende des ersten Vorstellungsgesprächs die Zusage.

Sicher haben nicht nur meine Unterlagen, sondern auch meine Kenntnisse eine solch schnelle Entscheidung bewirkt. Ich glaube aber, dass die schriftliche Bewerbung dafür gesorgt hat, dass es schneller ging. Ich war von Anfang an der Top-Bewerber. Im Vorstellungsgespräch ging es nur noch mal darum, diesen Eindruck zu bestätigen.«

Holger Jorgensen – wenig ist viel

Dass manchmal eine dezente Kreativität im Wort ausreicht, zeigt das Bewerbungsanschreiben von Holger Jorgensen, einem Ingenieur. Kreativ an seiner Bewerbung sind der eigene Briefkopf sowie das Hervorheben der wichtigsten Begriffe im Text. Auf diese Weise kann der Leser diese schneller erfassen, denn eine Benutzerführung ist eingebaut.

Holgers Strategie

Holger hatte mit seinem Lebenslauf kaum Probleme, eingeladen zu werden. Sein Ziel war es allerdings, einen Job in regionaler Nähe zu seinem Wohnort zu bekommen. Deshalb war er eingeschränkt, was die Zahl der potenziellen Arbeitgeber angeht, und musste sofort punkten – was ihm auch gelang.

Wo Holger Jobs finden kann

Jobsuchende wie Holger werden passende Angebote häufig auf den Webseiten der infrage kommenden Unternehmen finden. Auch Tageszeitungen suchen Produktionsleiter, ebenso die bekannten Internetbörsen *www.stepstone*, *www.monster.de* etc. wie im Fallbeispiel Roman Leichow. Auch Jobsuchmaschinen wie *www.rekruter.de*, *www.jobs.de* und *www.icjobs.de* sind sehr empfehlenswert.

Holger Jorgensen
Chemiestraße 123 | 10234 Berlin
Tel.: 030 7654321 | hol@produktion.de

Chemiewerke AG
Frau Müller
Hersteller Straße 102
10987 Berlin

Berlin, 10. August 2008

Bewerbung um Anstellung als Produktionsleiter
Ihr Stellenangebot mit der Referenz-Nr.: TPI7654

Sehr geehrte Frau Müller,

als Produktionsleger Ihres Werks möchte ich die Optimierung Ihrer Produktion vorantreiben, effiziente Abläufe erreichen sowie Ihre Termine und Qualität sicherstellen.

Dafür bringe ich mehr als zehn Jahre einschlägiger Erfahrung nach meinem Studium zum **Chemieingenieur (FH)** mit den **Schwerpunkten Polymerchemie und Verfahrenstechnik** mit. Seit 1998 war ich bei der **BEYER AG** in der Hauptniederlassung in Düsseldorf tätig: zunächst als Verfahrenstechniker, zuletzt als Qualitätsmanagementleiter und stellvertretender Produktionsleiter.

Mir oblag die Aufsicht über die Aufbereitung von **Materialcompounds** unter anderem für Automobil-Anwendungen und für den medizinischen Bereich. Zu meinen Aufgaben gehörte weiterhin die Entwicklung und Überwachung der Umsetzung des Qualitätsmanagementsystems nach **GMP (Good Manufactoring Practice), ISO 13485, ISO 9001 und anderen Normen und Richtlinien**. Ich besaß **Personalverantwortung** für neun gewerbliche Mitarbeiter, die mit Materialprüfungen an den einzusetzenden Rohstoffen und den hergestellten Compounds betraut waren. Im Zusammenhang mit meinen Aufgaben im Bereich der Reklamationsbearbeitung betreute ich Kunden zum Beispiel in England, Kanada und USA und verfüge von daher über praxiserprobte und sowohl im Small Talk als auch im Fachgespräch fließende Englischkenntnisse.

Durch meine Lehre zum **Groß- und Außenhandelskaufmann** sind stets auch die kaufmännischen Aspekte in meinem Blickfeld. Im Rahmen meiner Tätigkeiten konnte ich so zahlreiche Verbesserungen durchsetzen, erreichte etwa geringere Herstellungspreise durch Rezepturänderungen, messbare Leistungssteigerungen im Bereich der Extrusion und deutliche Effizienzverbesserungen im Bereich der Automatisierung der Materialaufbereitung.

Ich strebe ein Bruttojahresgehalt von 52.000 EUR an. Da ich meine aktuelle Tätigkeit als Fertigungsleiter in der Probezeit aufgeben möchte – die Gründe erläutere ich Ihnen gern persönlich –, kann ich Ihnen kurzfristig zur Verfügung stehen.

Ich freue mich auf ein persönliches Gespräch mit Ihnen.

Holger Jorgensen

Anlagen

Norma Jean – ganz schön sportlich

Ein Lebenslauf, bei dem jeder klassische Personalberater die Hände über dem Kopf zusammenschlägt: bunt und sportlich. Norma Jean hat nach einer Tischlerlehre viel gejobbt und wenig »vernünftig« gearbeitet. So präsentierte sie sich jedenfalls mit ihrem Ausgangslebenslauf, der kaum zusammenhängende Daten enthielt. Doch bei genauerem Hinsehen gab es sehr wohl einen roten Faden – das Thema Sport und Sportkoordination. Diese Aspekte arbeiteten wir heraus und entschieden uns für ein auffälliges Layout mit Sport-Piktogrammen.

Norma Jeans Strategie

Eigentlich wollte Norma Jean jeden Job im Office annehmen, weil es ihr primär ums Geldverdienen ging. Ich überzeugte sie davon, dass sie sich bei Sportvereinen und Sporteventveranstaltern sowie Sportfirmen initiativ bewerben sollte – dort sah ich die besten Chancen. Und behielt recht. Anzeigen von Sportvereinen und -verbänden gibt es so gut wie nie; es scheint, als suchten diese selten aktiv nach Mitarbeitern. Passiv aber sehr wohl: Jede zweite Bewerbung führte zur Einladung, Norma Jean konnte sich die Jobs am Ende aussuchen.

Zum Erfolg trug bei, dass Norma Jean immer zuerst telefonisch nachfragte, bevor sie ihren Lebenslauf schickte. Außerdem aktivierte sie alte Kontakte aus dem Sport, die ihren Lebenslauf weitergaben. Letztendlich überzeugten ihr rundum sportliches Auftreten – und ihre Erfahrung.

Wo Norma Jean Jobs finden kann

Jobs sind in diesem Bereich sehr selten ausgeschrieben – wenn überhaupt, dann meist in der Tageszeitung oder bei *www.arbeitsagentur.de* –, weil sie oft an Mitglieder der Verbände oder Vereine vergeben werden. Es empfiehlt sich also, auf Kontakte zu setzen und die infrage kommenden Unternehmen bzw. Vereine initiativ anzusprechen.

Norma Jean Sportlich

Rasenweg 65 → 98765 Hockenhausen → Tel.: 0789 1234567 → Jean@sportlich.de

Lebenslauf

Persönliche Daten

Geboren am 1. Juni 1979
Geburtsort: Bergisch Gladbach
Familienstand: ledig

Bestens einsetzbar als:

Sekretärin,
Organisatorin,
Koordinatorin
und Assistentin
im Bereich Sport,
Event oder Soziales

Berufspraxis

Seit 5/2003

Spartenleitungs-Assistentin
ABC Geesthachter Tennis- und Football-Club e.V.

- → „Mädchen für alles“
- → Vorbereitende Buchhaltung, Mahnwesen
- → Kontakt zu den Mitgliedern
- → Organisation von Veranstaltungen, z.B. bei Mannschaftsbesuchen aus den USA

12/2002 bis 5/2003

Seglerin für Top-Sail Club bei den Nationalen Meisterschaften, Australien

- → Meisterin

9/2002 bis 12/2002

Activities Coordinator
Aspiring Language Institute, Australien

- → Organisieren und Koordinieren von Freizeitbeschäftigungen der Schüler

9/1996 bis 8/2002

Sport Event Assistentin
Sport Event GmbH, Köln

- → Organisieren und Koordinieren von Veranstaltungen, z.B. eines Beachvolleyball-Turniers mit dem Sponsor Langnese
- → Öffentlichkeitsarbeit und Unterstützung beim Marketing
- → „Mädchen für alles“

Norma Jean Sportlich

Rasenweg 65 → 98765 Hockenhausen → Tel.: 0789 1234567 → Jean@sportlich.de

9/1994 bis 9/1996	**Windsurf-Segellehrerin & Stationsleiterin** Sailing & Surf, Korsika

Ausbildung und Schule

9/1993 bis 9/1994	**Ausbildung zur Fremdsprachenkorrespondentin** in den Sprachen Englisch und Spanisch, Die Fremdsprachenschule, Hannover
8/1990 bis 8/1993	Lehre zur **Tischlerin** Tischlerei Müller, Kiel Abschluss mit Gesellenbrief
1982 bis 1993	Schulen in Berlin und Heiligenhafen
6/1992 bis 9/1992	Austauschschülerin in Hawaii

Sprachen

Englisch	Sehr gut in Wort und Schrift, absolut fließend
Spanisch	Sehr gut in Wort und Schrift

EDV

MS Office	Word, Excel, PowerPoint alles sehr gut
Intemet	Erfahren

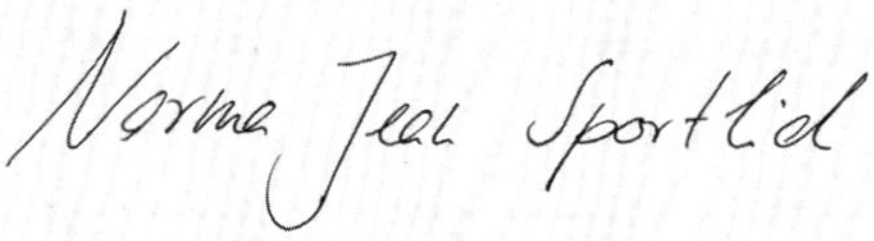

Hockenhausen, 22.08.2008

Strategien für die kreative Eigenwerbung

Der »Wow-Effekt« – so gelingt er Ihnen

Selbst viele Top-Bewerber präsentieren sich in ihren schriftlichen Unterlagen nicht optimal. Allen positiven Fakten zum Trotz gelingt es ihnen oft einfach nicht, Argumente auf den Punkt zu bringen, die wesentlich für eine Einstellung sind. Lesen Sie einmal die folgenden beiden Varianten eines Ausschnitts aus einem Lebenslauf:

Variante 1:

2006 .... Praktikum bei ITG, USA

Variante 2:

6/06 – 12/06 ... Praktikum bei ITG, USA (Tochter des Automobilkonzerns Deisler-PPM). Kernaufgabe: Unterstützung des IT-Abteilungsleiters bei der Einführung von SAP/R3 im gesamten Unternehmen.

»Wow«, könnte sich die Personalabteilung beim Lesen der Variante 2 denken, »dieser Bewerber hat bereits bei einem renommierten internationalen Konzern gearbeitet – und das volle sechs Monate. Dass er fließend Englisch spricht, glauben wir da wirklich gerne. Statt acht Stunden täglich zu kopieren und Kaffee zu kochen, hat er ein konkretes Projekt realisiert. Eines von hohem Stellenwert zudem! Und Seite an Seite mit dem IT-Abteilungsleiter. Wenn ITG diesem Bewerber diese verantwortungsvolle Aufgabe übertragen hat, sollten wir uns den unbedingt einmal ansehen.«

Dass die Firma ITG aus gerade mal 10 festen und 15 freien Mitarbeitern besteht und der IT-Abteilungsleiter eine Abteilung mit lediglich einem Mitarbeiter anführt, ist ja letztlich unerheblich und muss nun wirklich nicht explizit betont werden.

Wichtig ist jedoch, dass Variante 2 einen himmelweiten Unterschied zu Variante 1 aufweist: Diese sagt nämlich lediglich aus, dass der Bewerber ein Praktikum in den USA absolviert hat. Das ist zwar in jedem Fall ein Pluspunkt, doch der Stellenwert eines Praktikums kann auch mithilfe des Praktikumszeugnisses auf Unternehmensseite oft nur schwer eingeschätzt werden. Viele Personalverantwortliche legen daher die Unterlagen nach der Lektüre des Lebenslaufes bereits beiseite. Denn ob ein Bewerber interessant ist oder nicht, so das Argument, stellt sich schon nach dem Überfliegen der Vita heraus – bis zum Zeugnis kommen sie gar nicht.

Betrachten Sie sich auf verschiedenen Fotos: Einige betonen Ihre Vorzüge besser als andere – je nachdem, wie das Licht fällt. Genauso ist es mit Ihren Lebenslaufdaten: Sie können sie ins rechte Licht rücken. Versuchen Sie das Beste aus jeder relevanten Station Ihres Lebens- und Berufsweges herauszuholen und mit jeder Aussage einen »Wow-Effekt« zu erzeugen. Wer sich Gedanken über seine Verkaufsargumente macht, Köpfchen in die Ausarbeitung seiner Vita und die Gestaltung der Unterlagen steckt, braucht keine 50 Bewerbungen auf alle passenden (und unpassenden) Inserate hin zu streuen. Schon nach wenigen gezielten Bewerbungen dürfte er einen Treffer landen. **Die Kreativitat des Bewerbens liegt vor allem in der Art der Darstellung von Fakten.**

Das gilt umso mehr für einen Kandidaten im Mittelfeld, einen Durchschnittsbewerber: Für ihn kann die Art, wie er Fakten auswählt und darstellt, alles entscheidend sein. Eine clevere Bewerbung, die zudem ansprechend gestaltet ist, kann für ihn die Chance bedeuten, die er sonst nie bekommen würde. Doch Vorsicht: Wer laut trommelt, ohne dabei auch etwas Wichtiges auszudrücken, verfehlt das Ziel – »Nimm mich!« allein reicht nicht.

Hüten Sie sich vor falsch verstandener Kreativität

Viele Bewerber versuchen sich als Werbetexter, einige als Dichter, wieder andere als Künstler. Doch mit ihren solcherart kreativ gestalteten schriftlichen Unterlagen weisen diese Bewerber meist nur entweder auf einen Mangel an Talent hin oder aber auf ein Zuviel davon – Letzteres könnte jedoch wiederum die Frage aufkeimen lassen, ob der Bewerber für den eigentlichen Job überhaupt noch Zeit hat, da das »Hobby« ja offensichtlich sehr viel Zeit in Anspruch nimmt.

Die folgenden Warnhinweise gelten natürlich nur, wenn Sie sich NICHT für einen Job bewerben wollen, der Ihnen genau diese kreativen Fertigkeiten abverlangt, sondern wenn Sie in einem anderen Metier tätig werden wollen:

Risiko »Werbetext«

Vielleicht texten Sie ja ganz ordentlich, landen mit Ihrem Werk aber auf dem Schreibtisch eines werbefeindlichen Personalers. Möglicherweise versteht er auch ihre überschwängliche Werbung oder subtile Aussagen falsch. Daher lautet die Empfehlung: Lassen Sie Missverständnisse nicht zu, indem Sie sich stets klar ausdrücken. Geben Sie sich keinesfalls der Versuchung hin, jemanden zwischen den Zeilen lesen zu lassen.

Es gibt jedoch durchaus auch (Be-)Werbungstexte, die bei Personalverantwortlichen gut ankommen. Wer sich beispielsweise für einen Job in einer Marketingabteilung vorstellt, kann unter Umständen mit einem Slogan erfolgreich sein. Pluspunkte gibt es oft dann, wenn sich der Text am Unternehmensslogan, dem im Hause üblichen Werbestil und natürlich dem Inseratstext orientiert.

Ein Beispiel: »Privat habe ich selbst Freude am Fahren, während ich im Job auch bei Gegenwind den Kurs behalte.« (Der Autohersteller BMW – Unternehmensslogan: »Freude am Fahren« – suchte nach Young Professionals, die »auch bei Gegenwind Kurs behalten«.)

Risiko »Dichter«

Auch beliebt, aber besonders gefährlich sind Reime. Vielleicht sind Ihre Verse ja gar nicht mal schlecht, doch erinnern Sie sich bitte an den Deutschunterricht: Was ist schwerer zu beurteilen als die Qualität eines guten Gedichts? Und noch ein Argument gegen den Reim: Mehrdeutiges hat in einer Bewerbung nichts zu suchen. Nur in ganz wenigen Ausnahmefällen könnten eventuell Reime für Ihre schriftlichen Unterlagen passen – zum Beispiel bei der Bewerbung um eine Stelle im Verlagswesen als Lektor für Lyrik (mit anderen Worten: so gut wie nie!).

Risiko »Kunst«

Der folgende Grundsatz gilt vor allem für die Gestaltung künstlerisch angehauchter Bewerbungen: Zeigen Sie nicht zu viel Können, das für Ihre alltägliche Arbeit im angestrebten Job nicht unbedingt erforderlich ist. Die moderne Technik verführt leicht zum Einsatz von verfremdeten Passfotos, dem Basteln aufwendiger Foto-Collagen und der Verwendung opulenter Grafik, sowohl bei Online- als auch bei Printbewerbungen.

Doch jede Optik, die den Blick zu stark vom Text wegzieht, die sehr knallig und bunt wirkt, lenkt gleichzeitig auch die Aufmerksamkeit vom wichtigen Inhalt ab. Eine dezente grafische Unterstützung des Geschriebenen dagegen ist nicht nur legitim – ein eher unauffälliges, aber ansprechendes Layout hilft dem Text meist sogar auf die Sprünge. Auch der geschickte Einsatz eines Eyecatchers bietet sich manchmal an.

Dies kann eine Illustration sein, die zum Text passt. Es kann aber auch ein Bild sein, das mit dem Unternehmen zu tun hat oder auf die (mögliche) künftige Partnerschaft zwischen Firma und Bewerber Bezug nimmt. Der ideale Platz dafür wäre ein Deckblatt oder eine »Seite drei«, also eine zusätzliche Seite, die das Duo aus Anschreiben und Lebenslauf ergänzt. Mehr zur »Seite drei« finden Sie ab Seite 82).

Risiko »Kopie«

Eine Zeit lang schickten Herden von jung-kreativen Bewerbern Unterlagen, auf denen eine Kaffeetasse abgebildet war, versehen mit dem Spruch: »Wie wäre es, wenn wir uns bei einer Tasse Kaffee persönlich kennenlernen?« Selbst wenn bei Vorstellungsgesprächen das Kaffeetrinken nicht ungewöhnlich ist, wirkt diese Art der Bewerbung doch anbiedernd. »Wieso soll ich mit dem Typen einen Kaffee trinken?«, mag sich mancher Personaler gefragt haben. Andere ziehen vielleicht falsche Schlüsse: »Wie die aussicht: gerne – aber nicht, um über den Beruf zu reden!«

Ganz nebenbei bemerkt steht eine solche Frage, bebildert oder nicht, einfach sinn- und zusammenhanglos im Raum. Das K.O.-Kriterium jedoch ist: Jede/r könnte diese Frage stellen – Sie, Sie und auch Sie. Diese Form vermeintlicher Kreativität hat nichts, aber auch gar nichts Persönliches.

Die Personalverantwortliche einer großen Hamburger Unternehmensberatung hielt die erste dieser »Kaffeetassen-Bewerbungen« noch für originell. Spätestens bei der dritten Bewerbung dieser Art war jedoch der Reiz der Originalität verflogen, und die Bewerber fielen gnadenlos durch das Raster.

Kupfern Sie nicht blind Kreativideen aus Zeitschriften, Büchern oder von Freunden ab. Den »Kaffeetassen-Effekt« vermeiden Sie, indem Sie Ihre Bewerbung so gestalten, dass sie nicht austauschbar ist und Ihre persönlichen Argumente kreativ verpackt.

Risiko »Serienbrief«

Falsch verstandene Kreativität lässt sich manchmal auch kaufen. Verzichten Sie auf Serienbriefe und Mustervorlagen wie »1001 perfekte Bewerbungen – einfach anpassen und fertig«. Softwareverlage setzen CDs mit Bewerbungsschreiben und fertigen Webseiten in hohen Stückzahlen um.

Bewerber, die sich vom »Schnell-und-einfach-Prinzip« verführen lassen, tappen meist in eine Bewerbungsfalle: Denn die »perfekten« Musterschreiben schaden nur perfekt, verschleiern jegliche Individualität und machen Sie zur namenlosen Figur in der Bewerbungsflut – auch dann, wenn Sie abschließend Ihren Namen »mustergültig« unter das Anschreiben setzen.

Versetzen Sie sich doch einfach einmal in folgende Lage: Sie sind der Personalverantwortliche und inserieren in der Zeitung, weil Sie einen Mitarbeiter suchen. Wie wirkte es auf Sie, wenn 99 von 100 Bewerbungen einen zumindest sehr ähnlichen Wortlaut hätten? Sie schliefen ein vor lauter Langeweile!

Und: Sie müssten mit einem Raster arbeiten, einer Checkliste, die nur Bewerber durchlässt, die bestimmte Kriterien erfüllen, die zum Beispiel eine besonders gute Abschlussnote haben oder ein bestimmtes Höchstalter mitbringen. Da alle Bewerbungen gleich aussähen, könnten Sie dabei gnadenlos vorgehen und alles aussortieren, was nicht »passt«. Genau das geschieht oft – es wird mit Rastern gearbeitet: Nur wer zwingend die Fähigkeiten und Eigenschaften A, B und C mitbringt, wird durchgelassen.

Stellen Sie sich nun weiter vor, nach der neunundneunzigsten eintönigen Bewerbung – diese zu lesen ist ungefähr so spannend, wie die Seiten mit dem Nachnamen Meier im Telefonbuch von München aufzuschlagen – öffnen Sie einen Umschlag, aus dem Sie eine Mappe entnehmen, die Ihre Aufmerksamkeit sofort fesselt, weil sie anders ist. Vielleicht ist es das Foto auf dem Deckblatt, vielleicht auch nur der erste Satz, der überrascht.

Und selbst wenn der Schreiber Bedingung C (zum Beispiel Französischkenntnisse) nicht erfüllt – seine Bewerbung geht Ihnen nicht mehr aus dem Kopf, und Sie möchten ihn kennenlernen, weil dieser Mensch Sie überzeugt hat, dass er C durch andere Eigenschaften ausgleichen kann. Personalverantwortliche sind Menschen wie Sie und ich. Und deshalb geht es ihnen auch ähnlich.

Personalverantwortliche haben den Wunsch, dass sich der Bewerber mit der Stellenanzeige – falls vorhanden – und dem Unternehmen auseinandergesetzt haben soll. Kein Unternehmen erwartet, dass Sie sich ausschließlich bei ihm bewerben. Doch möchte es verständlicherweise zu Ihrer »ersten Wahl« gehören und nicht einfach die erstbeste Firma sein, die Ihnen einen Job anbietet. Mit einem Serienbrief signalisieren Sie aber nur: »Ist mir egal, Hauptsache Job.« Wer sich Mühe gibt, zeigt dagegen, dass ihm das Unternehmen wichtig ist.

Als Serienbrief-Schreiber outen Sie sich zudem als Person, die nicht bereit ist, selbst zu denken, die keine eigenen Ideen hat, uneigenständig und passiv ist. Umgekehrt signalisieren Sie als Bewerber, der sich für jedes Schreiben Zeit nimmt und offensichtlich darüber nachgedacht hat, was er dem Unternehmen bieten (»verkaufen«) kann, ohne dies explizit dazusagen zu müssen, Motivation, Selbstständigkeit, Eigeninitiative, Flexibilität, Kreativität sowie die Fähigkeit, Dinge zu analysieren und abstrahieren.

Kommt Ihnen das irgendwie bekannt vor? Genau diese Fähigkeiten werden zu den wichtigen persönlichen Fähigkeiten, den »Soft Skills«, gezählt und tauchen auch in Inseraten häufig auf!

Kurzum: Textbausteine und Musterschreiben zu verwenden ist bequem, aber wenig erfolgversprechend. Mit einer individuellen Bewerbung beweisen Sie Eigeninitiative und die Fähigkeit zum selbstständigen Denken – Soft Skills, die vielen Firmen wichtig sind.

Risiko »Internet-Nachlässigkeit«

Viele Bewerber sind nachlässig, wenn sie sich über das Internet bewerben müssen, weil viele Unternehmen dies so verlangen. Sie füllen die Formulare lustlos aus und machen daher viele Fehler. Die Freitextfelder werden mit Stichwörtern gefüllt oder sogar gar nicht beachtet. Dabei sind sie genauso wichtig wie ein Postanschreiben. Persönlichkeit ist auch bei der Onlinebewerbung Trumpf. Die Aussage: »Auf Papier kann ich mich doch viel besser präsentieren!« stimmt so nicht: Auch eine Internetbewerbung bietet Ihnen vielfältige Möglichkeiten der Gestaltung. Zudem können Sie online andere Akzente setzen als auf Papier, Sie sind in der Lage, schneller zu agieren, und sparen Geld.

Wenn ein Unternehmen Onlinebewerbungen wünscht, so sollten Sie diesem Wunsch auch entgegenkommen. Gerade größere Unternehmen und Konzerne lassen gar keine andere Variante mehr zu, weil Onlinebewerbungen kosteneffizienter weiterverarbeitet werden können. Kleinere und mittlere Unternehmen dagegen setzen aus dem gleichen Grund vermehrt auf E-Mail-Bewerbungen.

Durch die mit der Einführung des Allgemeinen Gleichstellungsgesetzes 2006 verbundene Dokumentationspflicht müssen Bewerbungen archiviert werden – das geht elektronisch natürlich sehr viel einfacher. Bei den E-Mail-Bewerbungen hat sich die PDF-Bewerbungsmappe durchgesetzt, bestehend aus Anschreiben, Lebenslauf und Zeugnissen, die zusammen in einem einzigen Dokument übersendet werden.

Indes können Sie mit Mails auch wesentlich leichter in die technische Falle tappen. Deshalb habe ich ab Seite 107 Tipps für die E-Mail-Bewerbung für Sie zusammengestellt.

Des Weiteren haben Sie die Möglichkeit, mit dem Programm Adobe Acrobat (Distiller) oder preiswerteren und kostenlosen Alternativen wie FreePDF Dateien zu erstellen *(www.freepdf.de)*. Diese Dateien haben den Vorteil, dass sie das Layout einer Papierbewerbung eins zu eins auf die Internetbewerbung übertragen. Sie lassen sich mithilfe des überall kostenlos erhältlichen Acrobat Reader ohne jede grafische Veränderung vom Empfänger betrachten und ausdrucken und sind deshalb gleich in mehrfacher Hinsicht ideal, denn sie entsprechen allen denkbaren Bedürfnissen Ihrer »Kunden«: Einerseits lassen sie sich elektronisch verarbeiten, andererseits wirken sie auch auf Papier.

Silvia Hoffner
Kleinhamberg 2B
51399 Burscheid
Tel.: 02174 679079
E-Mail: SHoffner@netkoeln.com

Das Wichtigste auf diesem Foto?

Das Wichtigste auf diesem Foto – das Etikett auf der Wasserflasche! Es ist aus einem Ihrer erfolgreichen Markenpapiere gefertigt.

Gerne würde ich zum weiteren Erfolg Ihrer Edelpapiere beitragen. Damit HROMA PAPIER in Zukunft auch im Internet ein Begriff ist, bewerbe ich mich als

Projektleiterin Internet und Online- und Produkt-PR

Meine »hard facts«:

- Fünf Jahre Berufserfahrung als Ressortleiterin Kommunikation
- Langjähriges Internet-Know-how
- Volontariat, zehn Jahre journalistische Praxis
- Erfahrung in der PR, z. B. Produkt-PR für Markenjeans
- Abgeschlossenes Magister-Studium
- Englisch fließend und verhandlungssicher
- Verbindliches Auftreten

Die Bewerbung auf dieser und den folgenden drei Seiten bietet einen Eyecatcher und kombiniert Deckblatt und »Seite-drei«-Idee. Das Foto zieht den Betrachter in den Bann. Diese Idee für einen Eyecatcher ist nur im Zusammenhang mit dieser speziellen Bewerbung zu verstehen: Sie galt einem Job bei einem Hersteller von Papier und Etiketten.

Silvia Hoffner
Kleinhamberg 2B
51399 Burscheid
Tel.: 02174 679079
E-Mail: SHoffner@netkoeln.com

H **roma** Papier AG
Personalabteilung
Albert Rollander
Am Wasserturm
42323 Hohen Traunstadt

26.08.2008

Ihr Stelleninserat in der FAZ!

Sehr geehrter Herr Rollander,

H Internet und Papier – das widerspricht sich auf den ersten Blick. Ich möchte diese Widersprüche durch aktive Pressearbeit im Internet, durch Konzeption, Aufbau und Pflege einer Internetpräsenz für Ihr Unternehmen auflösen. Und zeigen, dass dem Papier auch im Internetzeitalter eine zentrale Bedeutung zukommt – etwa als Etikett auf einer edlen Wasserflasche.

Um dabei und in Ihrem Unternehmen als Projektleiterin Internet und Online-/ Produkt-PR erfolgreich zu sein, bringe ich beste Voraussetzungen mit: eine solide journalistische Grundausbildung, ein abgeschlossenes Magisterstudium und fünf Jahre Berufspraxis in einem großen Verlag. Hier leite ich nach meinem Einstieg als Pressereferentin seit August 2002 das Ressort Kommunikation. Dabei verantworte ich auch die Produktdarstellung im Internet. Mich unterstützt ein Team von zwei Grafikern, zwei Textern sowie zahlreichen freien Autoren und Fotografen.

Ich bin kommunikativ und sprachgewandt. Der Herausforderung in einem internationalen Konzern bin ich gewachsen, da ich fließend englisch spreche – bedingt auch durch meinen derzeitigen Beruf, der viel Austausch mit den USA, Großbritannien und Frankreich mit sich bringt.

Gerne würde ich Sie in einem persönlichen Gespräch von meinen Fähigkeiten überzeugen. Vielleicht bis bald?

Mit freundlichem Gruß

Silvia Hoffner

Das Anschreiben von Silvia Hoffner verwendet am Anfang des ersten Absatzes das Firmenlogo des Unternehmens ähnlich wie eine Initiale und erzeugt damit beim Leser einen Wiedererkennungseffekt.

Silvia Hoffner
Kleinhamberg 2B
51399 Burscheid
Tel.: 02174 679079
E-Mail: SHoffner@netkoeln.com

H Steht dieser Lebenslauf bald im Zeichen des »H«?

Persönliche Daten
Geboren am 2. Oktober 1971 in Köln, ledig

Berufliche Laufbahn
1997 bis 2000
Volontariat im Redaktionsbüro Heimfeld, Köln

bis Juni 2000
Freie Sportjournalistin für zahlreiche Magazine, Tageszeitungen und Radiostationen wie den SDF

Juli 2000 bis heute
Zunächst Pressereferentin (bis Juli 2002), dann (ab August 2002) Leiterin der Abteilung Kommunikation bei der Saga IT GmbH in Düsseldorf

– Aufgaben:
Konzeption, Erstellung und Gestaltung von Presse- und Produktinformationen sowie Internet-Produktwerbung. Verantwortung für zwei Grafiker und zwei Texter sowie bis zu zehn freie Mitarbeiter

– Sonderaufgabe:
Interne Schulungen der Produktmanager zu Themen wie PR, Marketing, Überschriften-, Konzept- und Buchcovergestaltung; Projektmanagement, Konzeption neuer Software-Produkte

Ausbildung
1991
Abitur am Gymnasium Marienfeld

1992–1999
Studium der Germanistik, Mittleren und Neueren Geschichte sowie Romanistik mit Abschluss Magister Artium, parallel dazu Lehramtsstudium Deutsch und Geschichte für Sekundarstufe II

Zusätzliche Berufspraxis

- Schreiben von Softwarehandbüchern
- Pressearbeit (freie Aufträge)
- Moderation von Diskussionsgruppen und Round Tables
- Krisen-PR
- Markenkampagnen
- Durchführung von Relaunches
- Online-PR

Der Lebenslauf von Silvia Hoffner mit einer klaren Betonung ihrer bisherigen beruflichen Laufbahn und erneut dem Firmenlogo des Unternehmens als kreativem Gestaltungselement, das Sympathie erzeugen soll.

Silvia Hoffner
Kleinhamberg 2B
51399 Burscheid
Tel.: 02174 679079
E-Mail: SHoffner@netkoeln.com

Medienerfahrung

- Moderation von Round-Table-Gesprächen
- Auftritte im TV
- Radiointerviews

Sonstige Skills

Sprachen
- Englisch fließend
- Russisch gut
- Grundkenntnisse in Spanisch und Französisch

Computer/Internet
- PC-Standard-Software
- Programmierkenntnisse (HTML, JavaScript)
- gute DTP- und sehr gute allgemeine PC-Kenntnisse
- tiefgreifendes Internet-Know-how (technisch und inhaltlich)

Weiterbildung

- Rhetorik und Moderation
- Interviewtechniken
- Verhandlungsführung
- Mitarbeiter- und Autorenführung
- Präsentationstechniken
- Teambuilding

Freizeitbetätigung

- »Richtig« Surfen und Internetsurfen
- Aerobic und Fitness
- Menschen fotografieren
- Lesen (Management-Ratgeber!)
- Urlaub (Mallorca, Nordspanien)

Burscheid, 26.08.2008

Die zweite Seite des Lebenslauf von Silvia Hoffner.

Wie Sie Stelleninserate richtig interpretieren

Fallbeispiel Ewald Müller

Ewald Müller wälzte jedes Wochenende das *Hamburger Abendblatt.* Fünf bis sechs Inserate, die »einigermaßen« – so sagte er – passten, schnitt er immer aus und bewarb sich darauf mit einem Standardbrief. Seit mehr als drei Jahren ging das so, denn so lange war Müller schon arbeitslos. Mehrere hundert Serienbriefe hatte er schon weggeschickt – und ebenso viele Absagen kassiert. Nur ein Dutzend Mal war es überhaupt zum Vorstellungsgespräch gekommen.

Dabei ist Müller, gelernter Groß- und Außenhandelskaufmann, ein absolutes Sprachgenie: Neben Englisch und Französisch beherrscht er auch Schwedisch und Dänisch. Mit 50 Jahren wähnte er sich jedoch für viele Firmen einfach zu alt. Und für viele war er das wohl auch. Müller bewarb sich auf Jobs, die keine Sprachkenntnisse forderten, und auf solche, die explizit nach einem »jungen Berufseinsteiger« suchten – mit exakt demselben Wortlaut.

Mit dieser Strategie des »blinden Verteilens« konnte er eigentlich nur Woche für Woche Absagebriefe kassieren. Die Absagen war er so gewohnt, dass der »Frustrationspegel« schon ganz tief gesunken war und gegen Null tendierte. So hatte er auch aufgehört, Absagegründe zu er- und hinterfragen. Die mit den Bewerbungen zurückgesandten Briefe las er auch nicht mehr, sondern sammelte die zurückgeschickten Unterlagen bloß, um diese bei der nächsten Bewerbung wieder zu verwerten.

Zunächst musste Müller also lernen, Stelleninserate richtig zu lesen und dabei auf solche Angebote zu achten, die sein Sprachtalent forderten. Die Jugendkultur-Jünger – »Idealerweise sind Sie unter 30 Jahren alt« – konnte er getrost aussortieren. Zwar ist ein älterer Bewerber mit einer pfiffigen Bewerbung auch bei solchen Inseraten niemals völlig chancenlos, doch hätte dies einen entsprechend lockeren Umgang mit dem Alter vorausgesetzt, die Fähigkeit zu kokettieren. Und das war bei Ewald – der sein Alter als »wunden Punkt« empfand – einfach nicht gegeben.

Statt jede Woche Inserate auszuschneiden, suchte er jetzt gezielt nach mittelständischen Unternehmen, die seine Fähigkeiten gut einsetzen konnten, aber keine aktuelle Stellenausschreibung laufen hatten – dänische Exportfirmen mit Sitz in Hamburg etwa. Ewald bewarb sich auf viel weniger Stellen als zuvor und schaffte es schließlich auch, über diese Initiativbewerbungen einen neuen Arbeitgeber zu finden.

Lesen Sie auch zwischen den Zeilen

Zentral für Ihren Bewerbungserfolg ist es, sich vorab mit den Firmenwünschen auseinanderzusetzen. Diese spiegeln sich an vielen Stellen wider: auf der Webseite des Unternehmens etwa oder eben auch im Stelleninserat. Um die Firmenwünsche richtig deuten zu können, sollten Sie jedoch über ein wenig Vorwissen verfügen:

So wie Sie in einer Bewerbung für sich werben, wirbt auch das Unternehmen für sich, und so wie es Ratgeber für Bewerber gibt, existieren auch Anleitungen für Personalentscheider. Dem Unternehmen geht es ebenso wie Ihnen darum, sich bestmöglich zu verkaufen. Es gibt jedoch einen entscheidenden Unterschied: Sie können mit Ihrer Eigenwerbung meist recht nahe an der eigenen Person, an sich selbst bleiben.

Das Unternehmen dagegen muss sich übergreifend darstellen. Es hat eine andere, viel breitere Zielgruppe als Sie. Daher muss der Text abstrakter sein. Da Stelleninserate zudem oft Produkt einer Werbe- oder Personalagentur sind, steht häufig das Ziel im Vordergrund, die Marke und ein Image zu transportieren. Außerdem ist der Werbetexter als Externer sehr weit weg vom Unternehmen, für das er einen Mitarbeiter herbeischreiben soll – mitunter kennt er es sogar nur aus der Imagebroschüre und aus Briefing-Gesprächen.

Kurzum: Nehmen Sie nicht alles für bare Münze, was in den Inseraten steht. Ein Unternehmen kann sich nach außen hin als kreativ und modern darstellen und trotzdem eine verkrustete und altmodische Struktur besitzen – und rein gar nichts in dem Inserat deutet darauf hin. Vielleicht möchte es gerade eine »alte Haut« abstreifen und sich runderneuern, sonst hätte es dieses Außenbild nicht so gewollt – doch der momentane Zustand ist (noch) nicht so, wie der Bewerber es angesichts der Anzeige erwarten würde. Und wüsste der Bewerber das, so würde er sich womöglich auch gar nicht für einen Job in diesem Unternehmen interessieren.

Sicher gibt es Hinweise – und Firmen geben diese Hinweise auch bewusst – auf die jeweilige Unternehmenskultur und die im Betrieb herrschenden Arbeitsbedingungen. »Ein dynamisches, junges Team« dürfte jene chaotischen Züge besitzen, die manche als charmant, andere als unerträglich empfinden. »Außergewöhnlicher Einsatz« bedeutet höchstwahrscheinlich, dass man von Ihnen Überstunden verlangen wird, während ein Hinweis wie »Sie verfügen über Durchsetzungsvermögen« andeuten könnte, dass Sie sich Ihren eigenen Bereich im Unternehmen freihalten – vielleicht sogar freikämpfen! – müssen.

Doch die konkrete Situation dahinter bleibt weitgehend im Verborgenen; und ob ich – oder Sie – mit einer Vermutung richtig liegen, lässt sich anhand des Inserats allein schwer entscheiden. »Auf Firmenseite wird gelogen, dass sich die Balken biegen – auch in den Inseraten«, so eine Personalmanagerin.

Für Sie als Bewerber ist es dennoch wichtig, sich die Anzeige sehr genau durchzulesen – sie liefert sicher selten die »ganze Wahrheit«, jedoch in jedem Fall wichtige Anhaltspunkte. Zur Analyse sollten Sie allerdings auch andere Quellen heranziehen: die Webseite des Unternehmens, Erfahrungen von Mitarbeitern oder auch Zeitungsberichte.

Angebot und Nachfrage – Ihre Chancen auf dem Arbeitsmarkt

Wer begehrt ist, kommt ohne Lockmittel aus, darf sich auf sich selbst besinnen, das eigene Image betonen. Dann ist es nicht notwendig, sich bunt anzumalen, auf ein Podest zu stellen, »Hier bin ich!« zu rufen oder ein Liedchen zu singen. Wer begehrt ist, braucht sich keine besondere Mühe zu geben, um eine Anstellung zu finden.

Wer dagegen weniger nachgefragte Qualifikationen hat, muss sich mehr anstrengen. Da geht es dann zum Beispiel darum, Vertrauen zu wecken, dass das eine oder andere durch Erfahrungen oder persönliche Fähigkeiten ausgeglichen werden kann.

In den letzten Jahren ist die Schere auf dem Arbeitsmarkt immer weiter auseinandergegangen. Jobangebote gibt es genug, aber die Bewerber verteilen sich ungleich. Unternehmen beklagen auf der einen Seite einen Fachkräftemangel im hochqualifizierten, vor allem technischen Sektor, auf der anderen Seite gibt es für viele andere Positionen immer noch genügend Bewerber. Schwierig, weil überlaufen sind nach wie vor die »weichen« Bereiche, das Marketing, Pressearbeit, Kultur, Tourismus. Immer noch wird nach dem 120-Prozent-Bewerber gesucht – selbst wenn eine Stelle deswegen offen bleibt. Hier ist es Aufgabe des Bewerbers, Argumente zu liefern, warum er auch ohne Idealprofil die Stelle ausfüllen kann und eine gute Wahl für das Unternehmen ist.

Bewerber müssen sich jetzt mehr einfallen lassen, Firmen – vor allem Großunternehmen – können wieder mehr von den Kandidaten fordern. Solche Zyklen – mal

Fachkräftemangel, dann Überschuss, zumindest in einigen Bereichen – hat es in der Geschichte immer wieder gegeben: Angebot und Nachfrage bestimmen auch den Arbeitsmarkt. Je mehr Kandidaten sich auf eine Position bewerben, desto mehr muss der Top-Kandidat dem Unternehmen bieten (wobei Unternehmen ein »Zuviel«, also Überqualifikation, oft wie ein »Zuwenig« behandeln – und nicht selten mit einer Absage bedenken).

Ordnen Sie passende Inserate richtig ein

Ich empfehle Bewerbern stets, ihre Unterlagen nicht zu breit zu streuen, sondern sich auf einige wenige, wirklich passende Stellen zu konzentrieren. In diesem Zusammenhang kann es sinnvoll sein, Inserate in eine erste, zweite und dritte Klasse einzuteilen. Zur ersten Klasse gehören die Stellen, die hundertprozentig passen und die der Bewerber selbst sehr interessant findet.

Zweite Klasse ist zweite Wahl, weil die Firma zum Beispiel in einer uninteressanten Branche agiert oder der Job einen Umzug erfordert, den man nur unter bestimmten Umständen in Kauf nehmen würde. Auch wenn Sie nicht alle geforderten Ausbildungsvoraussetzungen mitbringen, zum Beispiel für einen Marketing-Job statt BWL-Studium ein Studium der Geisteswissenschaften, handelt es sich um ein Zweite-Klasse-Inserat.

Dritte Klasse sind die Jobs, die nur zu 80 Prozent passen, weil zwei Soll-Anforderungen nicht erfüllt sind – wenn Sie zum Beispiel weder Studium noch »sehr gutes Englisch in Wort und Schrift« mitbringen. Trotzdem auf den Job bewerben? Das sollten Sie davon abhängig machen, wie spannend Sie den Job selbst finden und ob Sie glauben, dass das, was fehlt, durch andere Eigenschaften und Fähigkeiten wettzumachen ist – wenn Sie sich zum Beispiel zutrauen, »sehr gutes Englisch in Wort und Schrift« durch berufsbegleitende Weiterbildung eigenständig erarbeiten zu können.

Die Wahrscheinlichkeit, dass Sie durch ein Raster fallen, ist bei Klasse 3 natürlich größer als bei Klasse 2 oder 1. Selbst mit einer ungewöhnlichen Bewerbung wird vielleicht ein Bewerber bevorzugt werden, der den Voraussetzungen besser entspricht als Sie. Aber: Wer nicht wagt, der nicht gewinnt, und mit einer »normalen«, nicht kreativen Bewerbung würden Sie es ganz sicher nicht schaffen – also nutzen Sie Ihre Chancen.

Die Einteilung in erste, zweite und dritte Klasse fällt nicht immer leicht. Das liegt nicht nur an den Bewerbern, sondern auch an den Unternehmen, die Wesentliches oft nicht in die Inserate schreiben und ihre Anzeigen immer unverständlicher gestalten. Da wird alles hineingepackt, was sich angeblich gut anhört – englische Berufs- oder Tätigkeitsbezeichnungen mit unklarem Profil oder auch Kunstwörter. Das Motto scheint dabei zu sein: Je weniger verständlich, desto beeindruckender.

Zudem finden sich immer wieder Firmen, die gar nicht wirklich nach Mitarbeitern suchen, sondern mit ihrem Inserat bloß auf sich aufmerksam machen und der Konkurrenz damit zeigen möchten, wie viel Kapazitäten sie haben. Solche »Fakes« können Sie leider kaum von außen erkennen. Ein gewisses Indiz ist die massenhafte und ständig wiederholte Ausschreibung mancher Werbeagenturen in einschlägigen Branchenmagazinen (»Suchen ständig Texter, Kontakter, Art Direktoren …«) – Anzeigen, die letztendlich nur Eindruck auf die anderen Wettbewerber machen sollen.

Ein weiteres Problem für Bewerber sind Anzeigen, die Unternehmen nur schalten, um ihrer gesetzlichen Pflicht gerecht zu werden, Stellenausschreibungen öffentlich zu machen. Da das Internet eine besonders preiswerte Möglichkeit ist, solche Anzeigen zu publizieren, finden diese sich besonders häufig online.

Sie schützen sich davor, einem nicht mehr aktuellen oder nicht »echten« Inserat auf den Leim zu gehen, indem Sie bei der Firma anrufen, bevor Sie sich dort bewerben. Bei dieser Gelegenheit sollten Sie auch klären, welche der Angaben im Inserat Sie nicht verstehen – und mit dieser zusätzlichen Information entscheiden, ob das Inserat zur ersten, zweiten oder dritten Kategorie gehört.

Lassen Sie sich nicht entmutigen, wenn Sie schon bei einem Ihrer ersten telefonischen Versuche die Erfahrung machen, dass eine Sekretärin oder ein Sachbearbeiter zur Beantwortung Ihrer Fragen und derjenigen Ihrer Mitbewerber abgestellt worden ist. Vielleicht stand im Inserat ein Satz wie: »Herr Meyer beantwortet gerne Ihre Fragen unter …« – aber Herr Meyer beantwortet Ihre Fragen nicht wirklich, weil er Ihnen lediglich die Sätze aus dem Inserat vorliest, als seien Sie selbst des Lesens nicht fähig. Lassen Sie sich in diesem Fall nicht veräppeln und bestehen Sie darauf, mit jemandem zu sprechen, der auch Detailfragen kompetent beantworten kann.

Überprüfen Sie die Passgenauigkeit

Einige Bewerber bewerben sich immer zielgenau auf die falschen Stellen. Das hat mit einer fehlenden Selbsteinschätzung zu tun. Deshalb ist es wichtig, sich erst einmal klarzumachen, wie das eigene Profil aussieht. Dies sollten Sie dann mit dem Anforderungsprofil der Stelle vergleichen.

In Ihrem eigenen Profil vergeben Sie Noten für die Wichtigkeit einzelner Punkte (am wichtigsten = 1). Im Anforderungsprofil für die Stelle erheben Sie, was gefordert ist und welchen Stellenwert das Vorhandensein vermutlich hat. Vergleichen Sie dann. Gibt es nur wenige Abweichungen, bewerben Sie sich!

Im Beispiel fehlen das verhandlungssichere Englisch und die Erfahrung in der Modebranche. Ersetzt wird Letztere dadurch, dass die Bewerberin sich in ihrer Diplomarbeit mit der Branche auseinandergesetzt hat. Dies sollte sie entsprechend betonen.

Mein Profil

Anforderungen	Wichtigkeit
BWL-Studium mit Note 2,4	1
1,5 Jahre Berufserfahrung in einer Agentur	1
Mittleres Englisch	2
Erfahrung in der Organisation, im Artbuying und in der Auftragssachbearbeitung	1
Präsentationssicherheit	2
Sehr kommunikatives und freundliches Auftreten	1
Diplomarbeit im Bereich Modemarketing	1

Stellenprofil Marketingkoordination für eine bekannte Modemarke

Anforderungen	1	2	3	4
BWL-Studium mit guten Noten oder vergleichbare Ausbildung		x		
2–3 Jahre Berufserfahrung	x			
Idealerweise in der Modebranche			x	
Offenes und kommunikatives Wesen	x			
Organisationstalent		x		
Ideal verhandlungssicheres Englisch			x	

Unterscheiden Sie »soll« und »kann«

Wie Firmen den Bewerbern das Leben schwer machen, haben wir in den letzten Kapiteln gesehen. Dass Bewerber an der Einschätzung von Inseraten scheitern, liegt aber auch oft genug an ihnen selbst – daran, dass sie Inserate nicht genau genug lesen. Genaues Lesen ist aber die Voraussetzung für eine gelungene Bewerbung.

Bei der Lektüre von Stellenangeboten ist folgende Vorgehensweise hilfreich: Gehen Sie die Anzeige mehrfach durch, und markieren Sie alle Soll-Anforderungen (zum Beispiel »Voraussetzung ist«) mit einem orangen oder gelben Textmarker und alle Kann-Bedingungen blau oder grün (zum Beispiel »idealerweise bringen Sie mit«).

Damit Sie sich über die Anforderungen leichter klar werden, habe ich ein sogenanntes »Relevanzprofil« erstellt. Dieses hilft Ihnen, die eigenen in Relation zu den geforderten Fähigkeiten und Eigenschaften zu setzen. Auf der folgenden Seite ist die Rohfassung abgebildet, die Sie kopieren und für Ihre eigenen Bewerbungen nutzen können. Auf Seite 41 f. finden Sie ein ausgefülltes Relevanzprofil, das auf dem ebenfalls dort abgebildeten Inserat basiert.

In die einzelnen Spalten des Profils tragen Sie ein, was die inserierende Firma von Ihnen verlangt, was sie sich zusätzlich dazu wünscht und wie relevant die einzelnen Punkte für die Firma zu sein scheinen. Die mit »Re« für Relevanz überschriebenen Spalten füllen Sie mit Buchstaben von A bis D. A bedeutet unabdingbar, B sehr wichtig und C wichtig. D steht für »nice to have« – gut, wenn Sie dies oder jenes vorweisen können, aber wirklich nicht zentral. Berücksichtigen Sie beim Ausfüllen des Profils nicht nur, was in der Anzeige schwarz auf weiß steht, sondern auch alles, was Sie zwischen den Zeilen zu lesen glauben oder aus Sekundärquellen wie dem Internet erfahren.

Das Relevanzprofil hilft Ihnen später beim Texten Ihres Anschreibens und beim Verfassen des Lebenslaufes, denn alle für das Unternehmen relevanten Punkte sollten auch in Ihre Bewerbung Eingang finden. Indes sollten Sie sich bei der Gewichtung nicht unbedingt konsequent an der Bewertung mit A bis D orientieren: Das Betriebswirtschaftsstudium hat für einen Controller zwar Relevanz A, doch ist davon auszugehen, dass alle ernst zu nehmenden Bewerber dieses mitbringen. Ein kurzer Hinweis genügt hier – wichtiger könnten die Betonung der Auslandserfahrung oder spezielle Computerkenntnisse sein.

Gehen Sie vor der Abfassung Ihrer schriftlichen oder elektronischen Unterlagen also das gesamte Profil noch einmal durch. Zuerst haben Sie ein A, B, C oder D vergeben für Eigenschaften und Qualifikationen, die dem Unternehmen wichtig sind. Jetzt vergeben Sie in einem zweiten Schritt ein A, B, C oder D für diejenigen Skills, die Sie als Bewerber von den Mitbewerbern unterscheiden könnten.

RELEVANZPROFIL FACHLICHE QUALIFIKATION

Ausbildung	Re	Berufspraxis	Re	Weiterbildung	Re	Sprachkenntnisse	Re

RELEVANZPROFIL ZUSATZQUALIFIKATIONEN UND SOFT SKILLS

Computer-kenntnisse	Re	Soft Skills	Re	Weitere Fertigkeiten	Re	Hobbys	Re

Vorlage für ein Relevanzprofil zur Auswertung von Stellenanzeigen.

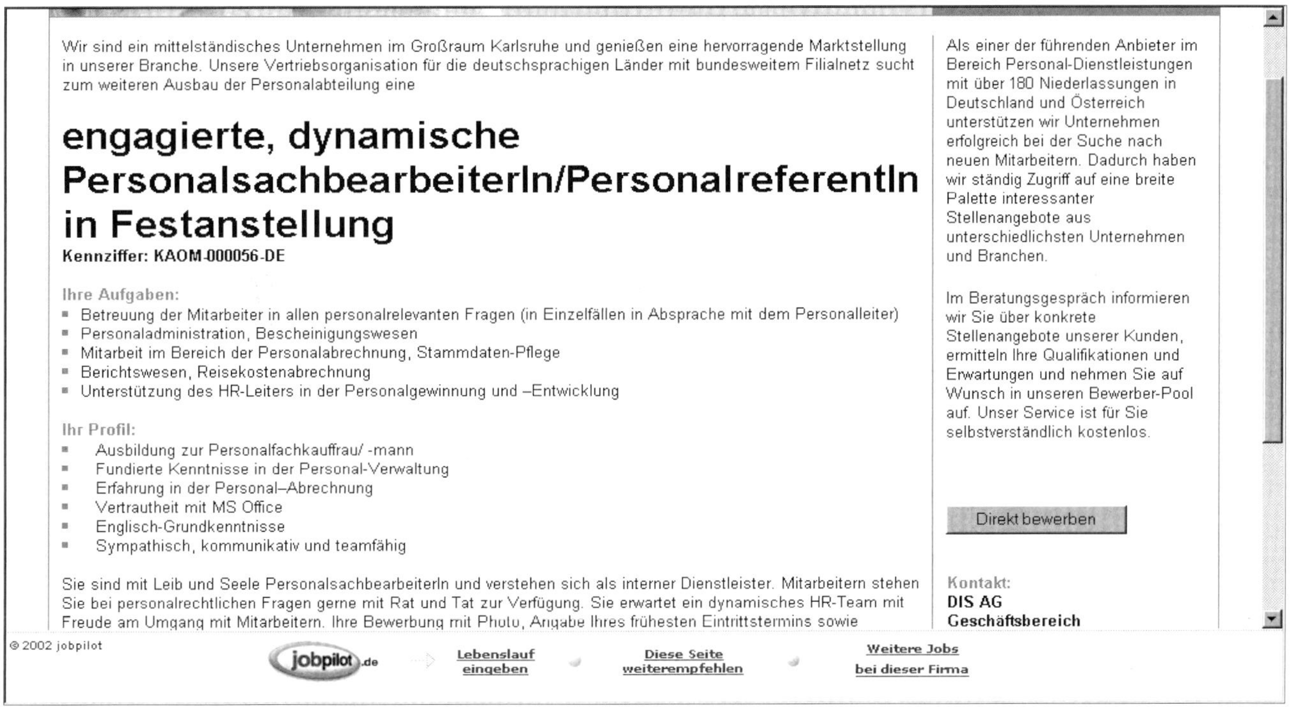

Wir sind ein mittelständisches Unternehmen im Großraum Karlsruhe und genießen eine hervorragende Marktstellung in unserer Branche. Unsere Vertriebsorganisation für die deutschsprachigen Länder mit bundesweitem Filialnetz sucht zum weiteren Ausbau der Personalabteilung eine

engagierte, dynamische PersonalsachbearbeiterIn/PersonalreferentIn in Festanstellung

Kennziffer: KAOM-000056-DE

Ihre Aufgaben:

- Betreuung der Mitarbeiter in allen personalrelevanten Fragen (in Einzelfällen in Absprache mit dem Personalleiter)
- Personaladministration, Bescheinigungswesen
- Mitarbeit im Bereich der Personalabrechnung, Stammdaten-Pflege
- Berichtswesen, Reisekostenabrechnung
- Unterstützung des HR-Leiters in der Personalgewinnung und –Entwicklung

Ihr Profil:

- Ausbildung zur Personalfachkauffrau/ -mann
- Fundierte Kenntnisse in der Personal-Verwaltung
- Erfahrung in der Personal–Abrechnung
- Vertrautheit mit MS Office
- Englisch-Grundkenntnisse
- Sympathisch, kommunikativ und teamfähig

Sie sind mit Leib und Seele PersonalsachbearbeiterIn und verstehen sich als interner Dienstleister. Mitarbeitern stehen Sie bei personalrechtlichen Fragen gerne mit Rat und Tat zur Verfügung. Sie erwartet ein dynamisches HR-Team mit Freude am Umgang mit Mitarbeitern. Ihre Bewerbung mit Photo, Angabe Ihres frühesten Eintrittstermins sowie

Als einer der führenden Anbieter im Bereich Personal-Dienstleistungen mit über 180 Niederlassungen in Deutschland und Österreich unterstützen wir Unternehmen erfolgreich bei der Suche nach neuen Mitarbeitern. Dadurch haben wir ständig Zugriff auf eine breite Palette interessanter Stellenangebote aus unterschiedlichsten Unternehmen und Branchen.

Im Beratungsgespräch informieren wir Sie über konkrete Stellenangebote unserer Kunden, ermitteln Ihre Qualifikationen und Erwartungen und nehmen Sie auf Wunsch in unseren Bewerber-Pool auf. Unser Service ist für Sie selbstverständlich kostenlos.

Direkt bewerben

Kontakt:
DIS AG
Geschäftsbereich

© 2002 jobpilot

jobpilot.de | Lebenslauf eingeben | Diese Seite weiterempfehlen | Weitere Jobs bei dieser Firma

Diese Stellenanzeige aus der Online-Jobbörse www.jobpilot.de diente als Vorlage für das unten abgebildete Beispiel eines ausgefüllten Relevanzprofils.

RELEVANZPROFIL FACHLICHE QUALIFIKATION

Ausbildung	Re	Berufspraxis	Re	Weiterbildung	Re	Sprachkenntnisse	Re
Ausbildung zur Personalfach-kauffrau	A B	Fundierte Kenntnisse in der Personalver-waltung	A/B A	Keine gefordert	A/B	Englisch Grundkenntnisse	C D
(Anmerkung: Vermutlich würde auch eine andere kaufmännische Aus-bildung mit entspre-chender Berufser-fahrung ausreichen – auch wenn dies hier nicht ausgespro-chen wird.)		Erfahrung in der Personalabrechnung (Anmerkung: Mindestens eines von beiden sollte mitgebracht werden. Ist der Bewerber nicht Personalkauf-mann, am besten beides.)	A/B A			(Anmerkung: Im Stellenangebot wird kein Bezug zum Einsatz des Englischen her-gestellt, so dass dies vermutlich in der täglichen Arbeit keine tragende Rolle spielt.)	

Ausgefülltes Relevanzprofil auf Grundlage der oben abgebildeten Stellenanzeige.

RELEVANZPROFIL ZUSATZQUALIFIKATIONEN UND SOFT SKILLS

Computer-kenntnisse	Re	Soft Skills	Re	Weitere Fertigkeiten	Re	Hobbys	Re
Vertrautheit mit MS Office	A A	Sympathisch	A A	Erfahrung in der Schnittstellenarbeit (Betreuung der Mitarbeiter, zum Teil nach Absprache mit dem Personalleiter)	B A	Volleyball etc. (Teamsportarten sind ideal aufgrund des Anforderungsprofils)	C/D B
Anmerkung: Wahrscheinlich neben Word auch Excel und Access (»Pflege der Stammdaten« in der Stellenbeschreibung deutet darauf hin)	B A	Kommunikativ	A A	Gespür für Zahlen (Personalabrechnung)	B B		
		Teamfähig	A A	Organisationsgeschick (ergibt sich aus der Tätigkeit)	B		
		Dynamisch (bereit, sich in ein dynamisches Human-Relations-Team einzufügen)	B A	»Mit Leib und Seele Personalsachbearbeiter«	A A		
		Selbstverständnis als »interner Dienstleister«	A A	Durchsetzungsfähigkeit (ergibt sich aus der Schnittstellenarbeit)	B B		

Die zweite Seite des ausgefüllten Beispiel-Relevanzprofils.

Anmerkung zum ausgefüllten Profil

Die obere Reihe in den »Re«-Feldern (Relevanzfeldern) bezieht sich jeweils auf die Anforderungen, die sich aus dem Stelleninserat selbst ergeben. Dabei wurden sowohl die expliziten Erfordernisse als auch jene herausgeschrieben, die sich durch »Weiterdenken« und Lesen zwischen den Zeilen (beispielsweise in der Art der Firmendarstellung, aber auch durch Recherche auf der Webseite der Firma) ergeben. Die untere »Re«-Reihe beschreibt die tatsächlich vorhandenen Erfahrungen und Kenntnisse der Bewerberin Christine.

Hier können sich durchaus Unterschiede ergeben: Da Christine beispielsweise keine Ausbildung zur Personalfachfrau vorweisen kann, sind in ihrem Fall die konkreten Berufserfahrungen wichtiger als die Ausbildung und bekommen deshalb ein A zugewiesen. Aus Sicht der Firma ist eine Ausbildung zur Personalkauffrau zwar sehr wünschenswert, doch lässt ihr Fehlen sich höchstwahrscheinlich durch einschlägige praktische Berufserfahrung ausgleichen (deshalb A/B).

Und so entwickelt sich später die Bewerbung aus dem Relevanzprofil heraus: Christine, die sich auf die Stellenausschreibung der DIS AG vorstellt, verfügt über eine Ausbildung zur Industriekauffrau, ist also keine gelernte

Personalfachfrau. Erfahrung hat sie jedoch in beiden in der Anzeige hervorgehobenen Bereichen – Personalverwaltung und -abrechnung. In ihrem Anschreiben hebt sie zunächst diese Erfahrung hervor und beschreibt konkret die bisherigen Aufgaben. Zudem betont sie, dass sie im Rahmen ihrer Ausbildung zur Industriekauffrau ein halbes Jahr in einer Personalabteilung tätig war.

In diesem Zusammenhang erwähnt sie auch, dass sie in ihrer derzeitigen Position an einer Schnittstelle arbeitet, also bisweilen als Mittlerin zwischen ihrem Vorgesetzten und den Mitarbeitern steht, für die sie die direkte Ansprechpartnerin ist. Diese Erfahrung ist zwar nicht explizit gefordert, zwischen den Zeilen klingt jedoch durch, dass sie von Vorteil sein könnte (»in Einzelfällen in Abstimmung mit dem Personalleiter«).

Weiterhin hebt Christine ihre Office-Kenntnisse hervor. Dabei legt sie besonderen Wert darauf, dass sie neben den »Standards« Word und Excel auch über Kenntnisse im Umgang mit dem Datenbankprogramm Access verfügt. Dieses gehört zum Office-Paket, wird aber von vielen Bewerbern nicht beherrscht. Dass solche Kenntnisse von Vorteil sein könnten, deutet die »Pflege der Stammdaten« an – eine der im Inserat beschriebenen Aufgaben, die vermutlich mithilfe von Access erfolgt.

In einem weiteren Block beschreibt Christine ihre sozialen Fähigkeiten; sie nennt Beispiele für ihre Kommunikationsfähigkeit (wobei sie durch geschickte Formulierung den Eindruck einer »Quatschtante« vermeidet) und belegt ihre Teamfähigkeit (durch Verweis auf eine Passage in ihrem letzten Zeugnis). Die Forderung nach »Sympathie« kontert sie mit folgendem Satz: »Ob ich sympathisch bin? Meine Kollegen finden, ja. Doch letztendlich würde ich Ihnen die Entscheidung gerne selbst überlassen. Ich freue mich schon sehr auf ein Vorstellungsgespräch!«

Kreativ bewerben auf Anzeigen von großen Unternehmen

Größere Konzerne stecken oft viel Energie und Geld in ihre Stelleninserate. Ihnen geht es darum, nicht irgendeinen Bewerber, sondern die »crème de la crème« abzuschöpfen. Um das zu erreichen, müssen auch Deutsche Bank, Siemens oder die Allianz einiges bieten: Karrierechancen, Entfaltungs- und Weiterbildungsmöglichkeiten – das versprechen längst alle »Großen«. Deshalb zählen bei der Bewerberansprache nicht nur die »hard facts« der angebotenen Position. Darüber hinaus gilt es auch ein Image zu verkaufen, mit dem sich der Bewerber identifizieren kann.

Inserate folgen auch Trends. So wird der Karrierebegriff in den Inseraten zunehmend neu definiert: Karriere heißt nicht mehr, (Hierarchie-)Stufe um Stufe zu erklimmen. Nein, Karriere machen bedeutet in den Großunternehmen von heute, sich in seinem eigenen Aufgabenbereich stetig weiterzuentwickeln, wachsende Verantwortung zu übernehmen, sich weiterzubilden.

Und schließlich gilt es von Arbeitgeberseite her nicht nur, die Absolventen zu gewinnen, die sich am besten in ein Unternehmen einfügen können und die idealen Voraussetzungen mitbringen, um das Unternehmen voranzutreiben beziehungsweise es in die von oben bestimmte Richtung mitzuentwickeln. Da sich diese Richtung ändern kann, sind meist »flexible« Persönlichkeiten gefragt – anpassungsfähige Charaktere mit eigenem Kopf.

Das ist auch der Grund, weshalb Noten in den meisten Konzernen eine weitaus größere Rolle spielen als in kleineren und mittleren Unternehmen. Ein guter Schüler respektive Student beweist, dass er sich im Unterricht beziehungsweise an der Uni angepasst hat; dass er an einem Engagement über einen längeren Zeitraum festhalten und sein Niveau trotz (immer vorhandener) privater Höhen und Tiefen halten kann. Auch wenn manchmal explizit Querdenker gefragt sind: An der Spitze der Unternehmen sitzen meist anpassungsfähige Manager, die intelligent genug sind, ab und zu gegen den Strom zu denken. Es sind aber sehr selten »Extremisten« und kantige Persönlichkeiten.

Die »crème de la crème« der Bewerber muss natürlich dennoch Persönlichkeit ausstrahlen und eigene Ideen einbringen – und in zunehmendem Maße auch »Kreativität«, selbst in Bereichen, die auf den ersten Blick nichts Kreatives an sich haben. Kreativität steht hier jedoch für die Fähigkeit, ungewöhnliche Lösungen für Probleme und Aufgaben zu finden – in diesem Sinne kann Kreativität selbst in der Sachbearbeitung von Vorteil sein.

Für Sie als Anwärter auf einen Posten in einem Konzern bedeutet das, dass Sie sich – auch wenn das Inserat anderes impliziert – auf inhaltliche Kreativität beschränken und ein eher klassisches Layout – vielleicht mit ungewöhnlichen gestalterischen Details – bevorzugen sollten. Im Zuge der zunehmenden Internetisierung gilt dies umso mehr: Da Bewerbungen heute überwiegend online erfolgen, kommt es mehr und mehr auf den Inhalt an – gestalten lässt sich in einer Internetbewerbung nur das angehängte PDF.

➔ Bleiben Sie nah am Inseratstext; gehen Sie auf die Wünsche und Forderungen des Unternehmens ein, ohne den Text wiederzukäuen. Besser: Nutzen Sie Ihre eigenen Worte. Bringen Sie zum Ausdruck, was Sie hinter den Zeilen lesen! (Dafür ist es notwendig, zusätzliche Informationen auf der Webseite einzuholen.)

➔ »Weiterdenken«: Gehen Sie immer ein Stück über das im Inserat Gesagte hinaus. Was meint das Unternehmen? Was steckt hinter den geäußerten Wünschen, und wie können Sie mit Ihrem eigenen Know-how helfen, die oft nur angedeuteten Ziele zu erreichen?

➔ »Du und ich«: Signalisieren Sie, dass Sie nicht nur auf einer fachlichen, sondern auch auf einer persönlichen Ebene zum Unternehmen passen, zum Beispiel, weil Sie ähnliche Karrierevorstellungen haben.

Kreativ und doch konservativ: Bewerbungen für Positionen in Großunternehmen sollten einen Tick pfiffiger sein als üblich, aber nicht zu auffällig. Sehr wichtig ist es, die Philosophie des Unternehmens zu verstehen und im Schreiben auszudrücken, dass Sie sich damit identifizieren können.

HEALTHY PEOPLE

LIEBE LESERINNEN UND LESER,

bitte lesen Sie diese Gebrauchsinformation aufmerksam, weil sie wichtige Informationen darüber enthält, was Sie bei dieser Agentur beachten sollten. Bei Fragen wenden Sie sich bitte an die angegebene Adresse.

ZUSAMMENSETZUNG

Healthy People besteht aus:
- 30 jungen und freundlichen Kreativen

WEITERE BESTANDTEILE

- Maus Melli, Hund Filou

ANWENDUNGSGEBIET

- Klassische Werbung, Research, Strategic Planning, Corporate Identity, Klassische Kommunikation, Verkaufsförderung, Direktmarketing, Sponsoring, Multimedia

KUNDENHINWEIS

- Findet Ihr Produkt durch schlechte Werbung keinen Absatz?
  Dann empfehlen wir Ihnen Healthy People

GEGENANZEIGEN

- Wann sollten Sie Healthy People nicht einnehmen?
  - Sobald Ihr Produkt nicht mit der Gesundheit des Menschen zusammenhängt
  - Bei plötzlich auftretender Ablehnung innovativer, kreativer Kampagnen sowie der Nichtschätzung von kompetenter, qualitativer Beratung oder wenn Sie der Meinung sind, dass Ihr Produkt keinerlei Fördermittel benötigt

VORSICHTSMASSNAHMEN FÜR DIE ANWENDUNG UND WARNHINWEISE

- Mit oft auftretenden, freilaufenden, verrückten Kreativen im ganzen Healthy People Gebäude in allen Räumen muss gerechnet werden
- Arbeitsplätze mit persönlicher Note

DOSIERUNGSANLEITUNG, ART UND DAUER DER ANWENDUNG

- Die folgenden Angaben gelten, soweit Ihnen Ihr Gewissen nichts anderes zu Healthy People verordnet hat
- Bitte halten Sie sich an die Anwendungsvorschriften, da Healthy People sonst nicht richtig wirken kann

WIEVIEL VON HEALTHY PEOPLE UND WIE OFT SOLLTEN SIE HEALTHY PEOPLE EINNEHMEN?

- 100%ige Einnahme, so oft wie Sie möchten, am besten täglich

WIE UND WANN SOLLTEN SIE HEALTHY PEOPLE EINNEHMEN?

- In aller Ruhe und Gelassenheit, mit Spass und guter Laune zwischen 9 & 18 Uhr

WIE LANGE SOLLTEN SIE HEALTHY PEOPLE EINNEHMEN?

- Immer wieder

WELCHE NEBENWIRKUNGEN KÖNNEN BEI DER KONTAKTIERUNG VON HEALTHY PEOPLE AUFTRETEN?

- Preise und Auszeichnungen

WELCHE NEBENWIRKUNGEN KÖNNEN BEI MITARBEITERN VON HEALTHY PEOPLE AUFTRETEN?

- Sie werden sich bei uns pudelwohl fühlen
- Es entstehen Freundschaften

ÜBERDOSIERUNG UND ANDERE ANWENDUNGSFEHLER

- Ist nicht möglich

HEALTHY PEOPLE
AGENTUR FÜR GESUNDHEITSMARKETING GMBH
HÜTTENSTRASSE 27
40215 DÜSSELDORF

TELEFON: +49 211/38 07-327
TELEFAX: +49 211/37 05 35

E-MAIL: HEALTHY.PEOPLE @HEALTHY-PEOPLE.DE

INTERNET: WWW.HEALTHY-PEOPLE.DE

HEALTHY PEOPLE

Diese Stellenanzeige in Form eines Medikamenten-Beipackzettels soll neue Mitarbeiter werben. Klar, dass man da nicht mit einer trockenen Mappe antworten kann. Die naheliegendste Idee für eine kreative Gestaltung der eigenen Unterlagen lautet: die eigene Bewerbung ähnlich aufbauen!

Kreativ bewerben auf Anzeigen von kleineren Firmen und Agenturen

Mehr als drei Viertel aller Deutschen arbeiten in mittelständischen und kleinen Unternehmen. Diese haben oft kein Bewerbungsformular auf der Website und sind flexibler und offener bei der Auswahl ihrer Mitarbeiter. Kreativität kommt hier oft besser und direkter an. Quereinsteiger ohne einschlägige Erfahrung haben oft nur mit Witz und Charme die Chance, auf sich aufmerksam zu machen – in der Konzernwelt gelingt dies meiner Erfahrung nach fast nie, bei kleineren Unternehmen kann es klappen. Wie weit Sie dabei gehen können? Das ist individuell verschieden und hängt maßgeblich von den Vorlieben des Empfängers ab. Diese in Erfahrung zu bringen ist deshalb eine wichtige Voraussetzung für eine erfolgreiche Bewerbung. Kreativ und doch konservativ: Bewerbungen für Positionen in Großunternehmen sollten einen Tick pfiffiger sein als üblich, aber nicht zu auffällig. Sehr wichtig ist es, die Philosophie des Unternehmens zu verstehen und im Schreiben auszudrücken, dass Sie sich damit identifizieren können.

Wenn Sie sich an die Empfehlungen des vorigen Abschnitts halten, kommen Sie zwar wahrscheinlich überall gut an. Bei einer kleineren Firma dürfen Sie aber auch einen Schritt weiter gehen – vor allem, wenn Sie sich auf eine kreative Position oder um eine Stelle in einer Werbeagentur bewerben.

»Wir sind ein eigenes Völkchen«, sagt Walter Siebenborn von der Düsseldorfer Werbeagentur Grey. Dort wollten Bewerber schon mit einer Metallplatte »ins Gewicht fallen« oder mit einer selbst gebastelten Mini-Geige die »erste Geige spielen«. Solche Einfälle sind gewünscht und kommen fast immer gut an – auch wenn sich Nicht-Kreative vorstellen, beispielsweise Kaufleute oder Kontakter.

Grafiker oder Texter liefern mit ihrer Mappe zugleich auch eine Arbeitsprobe ab. Entscheidend ist, dass der Bewerber sich kreativ präsentieren und überzeugen kann – weniger wichtig sind Noten und Zeugnisse. Diese Aussage gilt generell für viele kleinere Firmen, nicht nur in der Werbebranche.

Der Texter Peter hatte eine Plakatwand gemietet, an der der Agenturchef täglich zweimal vorbeilief. Darauf hatte er in großen Lettern geschrieben: »Junger Kreativer mit vielen Ideen will unbedingt einen Job bei XYZ. Telefon: ...« Es klingelte!

Ein anderer Bewerber, Konrad, schickte eine CD mit einer Multimedia-Kurzpräsentation an den zukünftigen Chef. Die Architektin Sheila bastelte einen kleinen Kalender als Bewerbung: Jeden Monat stellte sie sich selbst und ihre Fähigkeiten unter einem anderen Aspekt vor.

Doch auch bei kleinen Unternehmen und Agenturen gibt es Grenzen: Eine reine Gag-Bewerbung ohne Inhalt und Informationen (mitunter nicht mal mit einer Kontaktadresse versehen!) – weit verbreitet ist etwa die Konservendose mit selbst betexteter Banderole – wird sehr wahrscheinlich in der ganzen Agentur herumgereicht, doch zur Einstellung führt sie eher nicht!

Eine Berliner Agentur berichtet von einem Kandidaten, der einen Föhn mit dem Spruch »Ich bringe neuen Wind in Euren Laden« als Bewerbung geschickt hatte. Der Föhn ging postwendend an den Adressaten zurück: »Heiße Luft können wir auch selber machen.«

➔ Für Agenturen und kleine Unternehmen sind Zeugnisse und Noten oft zweitrangig. Die Bewerbung muss Aufmerksamkeit erregen und in sich geschlossen sein.

➔ Bewerbungen in der Werbebranche können einen Kampagnencharakter haben – und das Produkt, Sie nämlich, in den Vordergrund stellen. Was gut ankommt, ist oft auch eine Frage des Geschmacks. Dennoch gibt es Erfolgsrezepte: Viele Verantwortliche mögen es, wenn sich der Bewerber sehr viel Mühe macht und eine Idee konsequent durchzieht.

➔ Wie weit können Sie gehen? Informieren Sie sich vorher über die Vorlieben Ihres vielleicht künftigen Arbeitgebers.

Methoden, um Kreativität zu entwickeln

Kreative Ideen entstehen, wenn Sie Ihr vorhandenes Wissen und Ihre Erfahrungen in bisher unbekannter Art und Weise miteinander kombinieren. Doch einigen Menschen fällt es schwer, eigene Ansätze zu entwickeln Kreativitäts-Workshops können da sehr hilfreich sein. In diesem Kapitel folgt ein kurzer Überblick über drei in der Bewerbungssituation nützliche Kreativitätstechniken: Brainstorming, gezielte Fragen und Mind-Mapping.

Kreativ durch Brainstorming

Brainstorming wird üblicherweise in einer Gruppe von rund zehn Teilnehmern durchgeführt, doch Sie können es auch zu zweit oder zu dritt ausprobieren – zum Beispiel mit einem guten Freund und/oder dem Partner. Grundregel ist dabei, den Gedanken freien Lauf zu lassen und die Ideen des oder der anderen erst einmal nur aufzunehmen, bevor sich die eigene Vernunft einschaltet und man weiterdenkt.

Natürlich können Sie ein abgewandeltes Brainstorming auch ganz alleine für sich durchführen. Mitunter kann es sogar erfolgversprechender sein, allein nach Lösungen zu suchen. Vor allem Bewerber, die sich sehr unsicher fühlen und leicht aus dem (eigenen) Konzept zu bringen sind, laufen Gefahr, dass andere Vorstellungen über die eigenen siegen oder verhindern, dass diese überhaupt erst geäußert werden. Vielfach sind nahestehende Personen zu sehr involviert in die Stellensuche, um sich von ihren eigenen Werten und der gewohnten Sichtweise auf das Thema Bewerbung und den Bewerber zu lösen.

Stellen Sie sich beim Brainstorming eine ganz konkrete Aufgabe. Diese kann zum Beispiel lauten, Argumente in Ihrem bisherigen Lebenslauf zu finden, die Sie von anderen Bewerbern abgrenzen. Sammeln Sie einfach alles, was Ihnen dazu einfällt – egal was. Verwerfen Sie keinen Gedanken, weil er ihnen »blöd« vorkommt. Auf diese Weise kommen Sie manchmal zu ganz erstaunlichen Ideen, die Sie aber erst weiterentwickeln sollten, wenn Sie genügend Ideen gesammelt haben.

Ein Fallbeispiel: Leon, Architekt in spe (Architekten dürfen sich erst nach drei Jahren im Beruf offiziell als Architekten bezeichnen), der vor einem Jahr die Uni verlassen hat, sucht Ansätze, um in seiner Bewerbung möglichst viel Praxiserfahrung zu signalisieren. Schließlich wünschen sich viele Büros keine Anfänger, sondern erfahrene Architekten.

Ganz am Ende des Brainstormings notiert Leon, dass er am Umbau des Fachwerkhauses seines Onkels mitgewirkt hat. Dabei hat er die Konzeption, die Planung und sogar die Bauleitung übernommen. Diese Praxiserfahrung »verkauft« Leon als freiberufliches Projekt. Das war es ja letztendlich auch. Schließlich hat sein Onkel ihm für das sechs Monate dauernde Vorhaben auch ein Honorar gezahlt. Und außerdem war es ja wirkliche Arbeit und nicht nur Spaß. Bisher hatte er das allerdings nie so GESEHEN.

Ihnen fehlt zum Brainstorming die Fantasie, Sie haben einen Blackout? Dann suchen Sie sich eine unabhängige Person – beispielsweise einen Bewerbungstrainer oder Karriereberater –, die Ihren Argumenten durch gekonntes Nachfragen auf die Spur kommt. Neutralität ist allerdings wichtig, denn sonst werden manche Ideen allzu vorschnell aussortiert.

Brainstorming-Aufgabe

Was könnte meinem neuen Arbeitgeber nützlich sein? – Bereich persönliche Fähigkeiten

- Überzeugen
- Gut zuhören
- Freie Reden halten
- Improvisieren
- Mitarbeiter motivieren
- Auf andere sympathisch wirken
- Netzwerke aufbauen
- Teams aufbauen und motivieren

Als guter Verkäufer bin ich auch ein guter Zuhörer. Ich richte mich nach den Bedürfnissen der Kunden. Wenn ich diese erkannt habe, überzeuge ich mit Geschick und Argumenten. Für Mitarbeiter habe ich stets ein offenes Ohr und vermag diese mit leistungsgerechten Anreizen zu motivieren.

Was könnte meinem neuen Arbeitgeber nützlich sein? – Bereich fachliche Qualifikationen

- Seit drei Jahren Niederlassungsleiter
- Insgesamt 5 Jahre bei der unmittelbaren Konkurrenz
- Juristische Kenntnisse aus abgebrochenem Studium
- Eigenständiges Arbeiten gewohnt
- Drei Wochen Praktikum bei Grey
- Marketingkenntnisse aus BWL-Studium
- Als Niederlassungsleiter auch für Marketing verantwortlich
- Top-Kontakte
- Erfindungsreich

Warum ich jetzt eine Position im Marketing anstrebe? In meiner Tätigkeit als Niederlassungsleiter hat sich immer wieder gezeigt, dass ich für Marketing ein „Händchen" habe. Durch mein BWL-Studium mit Schwerpunkt Marketing sowie Praktika – etwa bei Grey – verfüge ich zudem über einen fundierten Hintergrund.

Welche konkreten Beispiele meiner Arbeit / Projekte könnten meinen Arbeitgeber interessieren?

- Aufbau der Xzart-Filiale in Rostock
- Erfolgreiches regionales Marketing mit Kunstausstellungen
- Auszeichnung durch die Stadt
- Filiale erreicht 10 Prozent mehr Umsatz als Durchschnitt

Mein bisher größter Erfolg war der Aufbau der Xzart-Filiale in Rostock, deren Umsatz zehn Prozent über dem Durchschnitt der Xzart-Häuser liegt. Dies habe ich auch durch mein ungewöhnliches Marketingkonzept erreicht. Seit der Einweihung dient das Autohaus Künstlern aus der Region als Galerie. Im letzten Jahr wurde das Autohaus von der Stadt Rostock sogar für hohes regionales Engagement ausgezeichnet.

Hierbei handelt es sich um das Brainstorming eines Kaufmannes, der als Filialleiter einen Einstieg in den Marketingbereich sucht, da seine Firma Stellen abbaut und er sich eine zweite Karriere wünscht. Wichtigste Brainstorming-Regel: Lassen Sie Ihren Gedanken freien Lauf, kontrollieren Sie sich nicht selbst. Die Textbausteine (in diesem Beispiel die Kästen) entwickeln Sie erst ganz zum Schluss.

Natürlich können Sie auch dann mit Brainstorming arbeiten, wenn es darum geht, Ideen für eine konkrete, auf einer Anzeige basierende Bewerbung zu entwickeln.

Notieren Sie einfach alles, was Ihnen aus Sicht Ihres Lebenslaufes zu der Anzeige einfällt. Dann sortieren Sie aus und trennen Sie die Spreu vom Weizen. Entwickeln Sie Spontaneinfälle weiter.

Welcher Aspekt ist aus Arbeitgebersicht relevant? Wie formulieren Sie Ihre Aussage so, dass Sie beim Personalchef »ankommt«? Auf diese Weise entwickeln Sie eigene Textbausteine für die Bewerbung, die Sie durchaus auch mehrfach verwenden können.

Um bei unserem Fallbeispiel Leon zu bleiben – seine Berufspraxis kleidete er in folgende Worte: »Letzten Monat habe ich ein freiberufliches Projekt erfolgreich abgeschlossen, bei dem ich sehr viel für die Praxis gelernt habe. Ein halbes Jahr lang habe ich den Umbau eines Fachwerkhauses aus dem 18. Jahrhundert von der Konzeption über die Planung bis hin zur Bauleitung begleitet (Zeichnungen als Arbeitsprobe anbei).«

Beachten Sie aber: Wenn Sie Textbausteine – also fertige Formulierungen – einsetzen, so müssen diese auf den Bedarf des Arbeitgebers zugeschnitten sein. Als Leon sich bei einem Büro bewarb, das sich schwerpunktmäßig mit Wettbewerben beschäftigte, setzte er seine Akzente völlig anders. Hier hob er hervor, dass er bei einem renommierten niederländischen Trendbüro, das diverse Wettbewerbe gewonnen hatte, ein Praktikum absolviert hatte.

»Nichts ist gefährlicher als eine Idee, wenn es die einzige Idee ist, die du hast.«
(Emile Chartier, französischer Philosoph)

Kreativ durch gezielte Fragen

»Wer? Wo? Was? Warum? Wann?« – Gezielte Fragen bringen Ihre Kreativität in Schwung. Ideal ist es, wenn Sie eine neutrale Person (oder einen Bewerbungstrainer) finden, die Sie gezielt »löchert«.Wenn nicht, versuchen Sie doch einfach einmal, sich selbst die folgenden Fragen zu beantworten. Erweitern Sie den Fragenkatalog individuell!

➔ Welche Fähigkeiten waren in meinen Jobs wirklich wichtig und Voraussetzung, um erfolgreich zu sein?

➔ Was war bisher mein größter beruflicher Erfolg?

➔ Welche weiteren Aufgaben und Projekte habe ich mit Erfolg durchgeführt?

➔ Welchen Freizeitaktivitäten gehe ich nach (auch unregelmäßig)?
Welche positiven Auswirkungen haben diese Aktivitäten auf meinen Job? Welche beruflich relevanten Eigenschaften stelle ich dabei unter Beweis?

➔ Wann und wo habe ich außerhalb meines eigentlichen Jobs eine Fertigkeit unter Beweis gestellt, die für die angestrebte Position von Bedeutung sein könnte (ehrenamtliche Engagements etc.)?

➔ Durch welche Weiterbildungen habe ich mich in dem angestrebten Bereich qualifiziert?

➔ Für welche Eigenschaften werde ich immer wieder gelobt? Was stellen meine Kollegen als besonders erwähnenswert heraus? Was meine Vorgesetzten?

➔ Welche Eigenschaften helfen mir im Privatleben, gut zurechtzukommen?

➔ Gab es Hemmschwellen beim Erreichen von Zielen? Welche Eigenschaften waren das? Wie kann ich diese in künftigen Jobs abstellen, ausgleichen oder vielleicht sogar positiv nutzen?

Kreativ durch Mind-Mapping

Auch mithilfe der Kreativitätstechnik Mind-Mapping lassen sich neue Ideen für die Bewerbung entwickeln. Dafür nehmen Sie ein leeres Blatt Papier und schreiben in die Mitte in einen Kasten einen Schlüsselbegriff, zum Beispiel eines Ihrer Hobbys. An diesem Schlüsselbegriff bringen Sie Verzweigungen und Unterverzweigungen an, die Sie mit Ihren Assoziationen zu diesem Begriff füllen. Versuchen Sie, möglichst konkrete Begriffe und Assoziationen zu finden.

Ein Beispiel: Sie möchten ermitteln, welche für den Beruf relevanten Eigenschaften Ihr Hobby »im Chor singen« aufweist und betont (siehe unten). Zunächst fällt Ihnen vielleicht ein, was Ihnen persönlich daran wichtig ist. Im zweiten Schritt sollten Sie dann versuchen, Ihre Gedanken auf die (wahrscheinlichen) Bedürfnisse der Firma hin weiterzuentwickeln.

Die Ergebnisse – also das, was in den letzten »Gedankenkreisen « steht – nutzen Sie schließlich für Ihre Bewerbung. Der Vorteil: Sie bewegen sich weg vom abstrakten Denken in aussagearmen Kategorien wie »Teamfähigkeit« hin zu einer wesentlich konkreteren, spezifischeren und persönlicheren Ausdrucksweise, die sich automatisch auch besser »verkauft«.

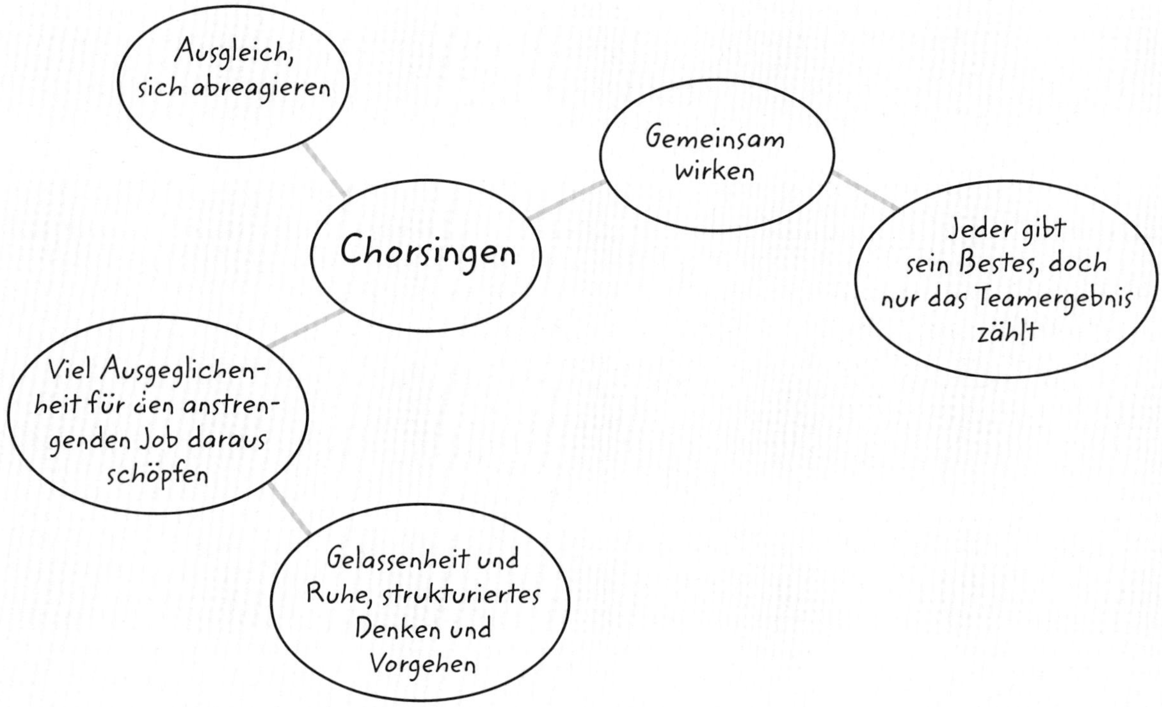

Sie singen im Chor? Aber was bringt das für Ihren Beruf? Bisher haben Sie Ihr Hobby deshalb nicht erwähnt. Falsch! Welche Fähigkeiten Sie aus der Freizeitaktivität »Chorsingen« ableiten können, wenn Sie mit Mind-Maps arbeiten, zeigt Ihnen obiges Beispiel. Entwickeln Sie Ideen, die zu den Fähigkeiten passen, die in dem entsprechenden Beruf gefragt sind. Das Beispiel stammt von einem Projektleiter Multimedia. Dieser Beruf fordert zum Beispiel bedingungslose Teamorientierung und strukturiertes Denken bei der Planung.

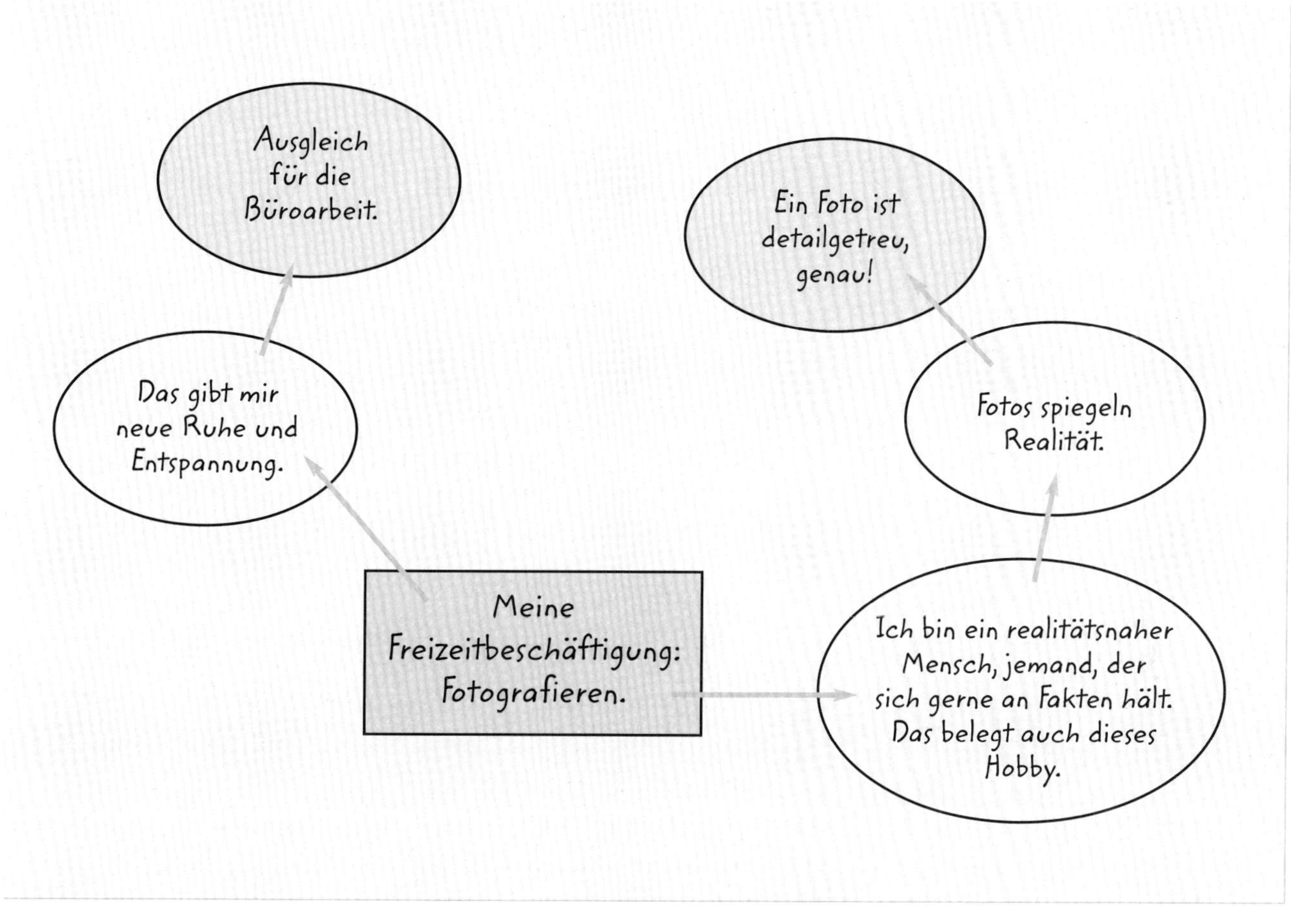

Ein anderes Beispiel: Ein Controller ist in seiner Freizeit leidenschaftlicher Fotograf. Ein kreatives Hobby wie das Fotografieren passt zwar auf den ersten Blick nicht zum Bild eines Zahlenmenschen. Doch die Mind-Map beweist, dass sich auch dieses Hobby günstig auf die Kernkompetenz auswirken kann. Fotos spiegeln Realität! Realität besteht aus Fakten! Zahlen sind Fakten! Und weitergedacht: Auch beim Fotografieren geht es dem Bewerber darum, genau zu sein, den Tatsachen auf den Grund zu gehen.

Wie Sie (Selbst-)Marketingdenken verinnerlichen

Eine gute Bewerbung orientiert sich an den Regeln des Marketings. Und das heißt erst einmal, dass Sie sich bewusst machen müssen, wen Sie ansprechen, wer Ihre Zielgruppe ist.

Der zweite Schritt: Denken Sie darüber nach, was diese Zielgruppe anspricht. Es ist ein Unterschied, ob Sie sich an eine Bank oder eine Werbeagentur, einen Konzern oder ein kleines Unternehmen, einen Personaler oder einen Geschäftsführer wenden. Auch »vermutete« Persönlichkeit spielt eine Rolle. Sozial engagierte Menschen erreichen Sie anders als Menschen, die ein Hauptinteresse an gutem Klima in Ihrem Unternehmen haben. Die menschliche Interessenlage lässt sich zum einen branchenspezifisch erahnen. Auch Interviews und Zitate von Geschäftsführern, bisweilen nachzulesen im Internet oder in Archiven von regionalen Tageszeitungen, geben Aufschluss.

Vor allem aber müssen SIE sich als Bewerber erkennen lassen. Was macht Sie aus, wie Sie sind Sie? Je mehr von Ihnen erkennbar ist, desto wahrscheinlicher werden Sie wahrgenommen. Sie müssen also mutig sein! Das kann dazu führen, dass Sie mehr polarisieren – und dass den einen oder anderen Ihre Bewerbung nicht anspricht. Die Chance zu gefallen steigt aber ebenso. Sie gehen nicht mehr in der Masse unter.

Die Marke Ich aufbauen

Dass Duplo nicht nur ein Schokoriegel, sondern auch eine Praline sein kann, wissen wir bereits seit den frühen Neunzigerjahren. Auch als Keks und zur Not sogar als Kuchen könnte der Riegel durchgehen, wenn die Werber ihn besonders pfiffig verpackten.

Doch die Kreativität hat Grenzen. Kein Kunde würde sich ein X für ein U oder einen Schokoriegel für Schinken beziehungsweise Ohrschmuck vormachen lassen – nur um einmal zwei abstruse Beispiele zu nennen. Wer Schinken kauft und Schokolade auspackt, würde sich zu Recht getäuscht fühlen und sofort von seinem Umtauschrecht Gebrauch machen. Marken lassen sich also nicht mit einem beliebigen Image versehen und als etwas verkaufen, was sie nicht sein können.

Wenn Sie sich bewerben, machen Sie sich zu einer Marke: Sie besitzen bestimmte Eigenschaften und Fähigkeiten, eine ganz spezifische Berufsausbildung und -erfahrung. Und Sie wollen diese optimal darstellen.

Die Art, wie Sie Ihr persönliches Bündel an Merkmalen anderen gegenüber präsentieren, Ihr Auftreten zwischen den Zeilen, in Telefongesprächen und im Vorstellungsgespräch: Das alles macht auch Sie in gewisser Weise zu einer Marke. Zu einer Marke, deren Eigenschaften Sie in einem gewissen Rahmen selbst definieren können.

Ein Fallbeispiel: Die ehemalige Restaurantbesitzerin Doris hat nach der Scheidung ihr Geschäft verkauft. Nun wünscht sie sich einen Neuanfang. Sie hat zwei verschiedene Ideen, wie sie sich künftigen Arbeitgebern präsentieren könnte. Vor allem die erste Variante reizt sie und entspricht ihrem Wesen. Aufgrund der finanziellen Lage möchte sie aber auf jeden Fall zweigleisig fahren. Entsprechend arbeiten wir zwei Profile aus.

Einerseits versucht sich Doris über Initiativbewerbungen als Außendienstmitarbeiterin für den Weinhandel zu etablieren. Hier betont sie ihre Kommunikationsfreude, die Lust am Kundenkontakt, die ausgeprägten Weinkenntnisse, die Tatsache, dass ihr Restaurant eine der umfangreichsten und meistgelobten Weinkarten in Schleswig-Holstein hatte, sowie ihre hervorragenden Kontakte in die Hotellerie und Gastronomie.

Im anderen Profil stellt sie sich als künftige Geschäftsführerin für Restaurants vor. Hier unterstreicht sie ihre selbstständige Arbeitsweise, die Bereitschaft zum Schichtdienst, das organisatorische Talent und das strikt kaufmännische Denken. Auch bei diesem Profil belegt ihre Erfahrung als Wirtin die Aussagen. Sie sehen: Sie als Bewerberin oder Bewerber sind letztendlich auch ein »Produkt«, das es an den Mann oder die Frau zu bringen gilt. Sie prägen erfolgreich ein Image beziehungsweise eine Marke, indem Sie (wenige!) Eigenschaften aus dem Bündel Ihrer Skills auswählen und indem Sie den Fokus genau auf die Aspekte legen, die für Ihre jeweilige Zielgruppe relevant sind (im obigen Beispiel also für den Weinhandel oder die Gastronomie).

Sie sind ein Bild, das – von verschiedenen Seiten betrachtet – ganz unterschiedlich aussehen kann. Beschreiben Sie die jeweils relevante Seite ganz genau. Je konkreter Sie werden, je mehr Argumente Sie vorbringen, desto schärfer zeichnen Sie Ihr Bild.

Zurück zum Beispiel: Doris sollte in der ersten Bewerbungsvariante nicht einfach schreiben: »Ich verfüge über eine langjährige Erfahrung in der Gastronomiebranche, bin Weinkennerin und kommunikativ«, sondern ihre Aussagen konkretisieren und mit Beispielen belegen: »Als ausgewiesene Weinkennerin und Inhaberin der ›Silbernen Traube‹ habe ich seit 1980 eine in Schleswig-Holstein einmalige Weinauswahl etabliert, die auch von Gastro-Kritikern immer wieder gelobt wurde. Durch meinen Sachverstand bin ich nicht nur Verkäuferin, sondern auch kompetente Beraterin. Es fällt mir zudem leicht, auf einer menschlichen Ebene in guten Kontakt mit wichtigen Abnehmern zu treten, um eine dauerhafte Kundenbeziehung zu etablieren.«

Im Beispiel braucht Doris nicht wörtlich zu betonen, dass sie kommunikativ ist – der letzte Satz bringt dies ausreichend zum Ausdruck. Durch eine konkrete Ausdrucksweise grenzen Sie sich auch von den Mitbewerbern ab. Dies wird in den meisten Fällen eine positive Resonanz hervorrufen, denn mit Sicherheit stechen Sie so aus der breiten Masse heraus.

Sie sollten sich jedoch auch bewusst sein, dass scharfe Bilder das Risiko bergen, Ablehnung hervorzurufen. Indem Sie unmissverständlich sagen, wer Sie sind, und nichts verschleiern, lassen Sie wenig Interpretationsspielraum. Hinter dem letzten Satz »Es fällt mir zudem leicht ...« kann sich jeder sofort eine lebhafte, aufgeschlossene Frau vorstellen. Hinter »kommunikativ« steckt erst mal nicht mehr als eine Behauptung.

Doch Hand aufs Herz: Was haben Sie gewonnen, wenn Sie aufgrund einer floskelhaften Bewerbung eingestellt werden? Wenn es Ihnen gelingen sollte, sich auch im Vorstellungsgespräch so zu verstellen, dass das Unternehmen Sie für jemanden hält, der Sie gar nicht sind? Wenn sich schon in der Bewerbung herausstellt, dass Sie und das Unternehmen nicht zusammenpassen? Eventuell nichts als die schmerzliche Erfahrung, während der Probezeit auf unüberwindbare Differenzen zu stoßen!

Auch hierzu ein Beispiel: Tim hat einen kunterbunten Lebenslauf. Nach einem abgebrochenen Germanistikstudium entschied er sich für eine Weiterbildung zum technischen Redakteur. Autodidaktisch eignete er sich auch Programmierkenntnisse an, die allerdings eher im Hobbybereich anzusiedeln waren.

Als der Einstieg in den Beruf als technischer Redakteur nicht sofort klappte, bewarb Tim sich auch für Programmierjobs. In seinen schriftlichen Unterlagen und im Vorstellungsgespräch verkaufte er sein Wissen und seine Fähigkeiten erfolgreich und erhielt schließlich auch einen Arbeitsvertrag. Doch schon innerhalb der ersten Wochen stellte sich heraus, dass er den Anforderungen nicht gewachsen war.

Ein weiteres Beispiel: Peter, Sachbearbeiter, der immer eigenständig als »Mann für alles« gearbeitet und in einer kleinen Firma die verschiedensten Aufgabengebiete innegehabt hatte, bewarb sich bei einem Konzern für die Reisebuchhaltung. Mit Erfolg stellte er in der Bewerbung klar, dass er sich ein spezielles Aufgabengebiet und die Arbeit im Team wünschte.

Doch die Arbeit langweilte ihn schnell. Dadurch, dass er gewohnt war, eigenständig zu arbeiten, stieß er sich auch bald an den Hierarchien. Nach wenigen Monaten warf er entnervt das Handtuch und bewarb sich wieder bei einer kleineren Firma als kaufmännischer Geschäftsführer.

➔ Präsentieren Sie nicht einfach nur Fähigkeiten, die das Unternehmen voraussetzt, sondern darüber hinaus auch ein »Produkt« mit individuellen Eigenschaften. Der Kern ist vielleicht Schokolade (oder Ihr BWL-Studium), doch das Drumherum können Sie zu einem großen Teil selbst bestimmen, indem Sie auswählen und einen deutlich erkennbaren Fokus setzen. Beschreiben Sie das »Produkt« so konkret wie möglich, und belegen Sie Ihre Aussagen mit geeigneten Beispielen. Wichtig: Sie sollten dabei stets Sie selbst bleiben. Als Praline verkauft, ändert sich Duplo nicht de facto; es ändert sich nur der Blickwinkel. Dies kann durchaus dazu beitragen, dass die Duplo-Praline besser schmeckt als der Duplo-Schokoriegel. Es handelt sich jedoch trotzdem nicht um eine Mogelpackung. Anders liegt die Situation, wenn Sie Duplo als Brotbelag verkaufen. Oder sich selbst als jemand, der Sie nicht sind und nicht sein können. Als Mogelpackung verzeichnen Sie vielleicht einen Bewerbungserfolg, doch die Irreführung wird womöglich dazu führen, dass Sie in Ihrem neuen Job unglücklich sind oder aber dass Ihr Arbeitgeber mit Ihnen nicht zufrieden ist.

Übertreiben Sie nicht weniger als die anderen

Einige Bewerber neigen zu einer extremen Ehrlichkeit, zu einer fast akribisch genauen Einschätzung ihrer Fähigkeiten: »Na ja, wissen Sie, Computerkenntnisse … Ich kann ein bisschen mit Word umgehen und im Internet surfen. Da kann ich doch nicht ›Computerkenntnisse‹ schreiben!«

Die Bewerberin wand und sträubte sich. Es kostete erhebliche Überzeugungsarbeit, sie dazu zu bringen, ihre im Inserat geforderten Kenntnisse auch in den Lebenslauf aufzunehmen. Wohlgemerkt: Kenntnisse, die reichlich vorhanden waren! Die Erklärung für dieses Phänomen? Wahrscheinlich ist es typisch deutsches Understatement – unter dem vermehrt Frauen »leiden«.

In Spanien (und vielen anderen Ländern genauso) dagegen ist es üblich, seine Qualifikationen immer einen Tick zu übertreiben und sich selbst auf eine höhere Stufe zu stellen, als es einem objektiv gebührt. Soweit es Objektivität überhaupt gibt! Da es in Spanien keine Zeugnisse gibt, werden Karriereschritte auch nicht in dem Maß nachgezeichnet, wie es bei uns üblich ist. Ähnlich wie in den USA übernehmen stattdessen persönliche Referenzen die Funktion des deutschen Zeugnisses als Empfehlungsschreiben.

Jeder spanische Arbeitgeber weiß daher, dass er von einem Bewerbungsanschreiben 30 Prozent Wahrheit als Übertreibungsanteil abziehen muss. Dies würde er auch bei einem deutschen – wahrscheinlich grundehrlichen – Bewerber tun. Oder bei einem Spanier, der sich ausnahmsweise einmal ausschließlich an die Fakten hält.

Wir sind zwar nicht in Spanien, aber immerhin in Europa. Und tendenziell rate ich den bescheidenen, oft etwas unsicheren Bewerbern, eher zu über- als zu untertreiben. Schlicht vor dem Hintergrund der Erfahrung, dass zu große Bescheidenheit für den Bewerber zu Nachteilen führt und manche Menschen dazu neigen, sich selbst sehr kritisch zu sehen. Zu kritisch.

Der Unternehmensberater Dieter Müller-Solger verdeutlicht dies am Beispiel deutscher Wissenschaftler, die sich auf einem internationalen Kongress präsentieren: »Während die Amerikaner sofort stolz auf ihre bedeutenden Leistungen und sämtliche Publikationen verweisen, üben sich die deutschen Wissenschaftler in Bescheidenheit und verzichten darauf, ihre Veröffentlichungen zu nennen.« Sie sagen sich: »Ach, diese Arbeit war doch nicht so wichtig. Nein, damit bin ich im Nachhinein auch gar nicht mehr zufrieden, also kann ich das hier und jetzt doch nicht erwähnen.« Oder: »So eine veraltete Arbeit, damit darf ich mich auf keinen Fall brüsten!«

Analog dazu denken sich deutsche Bewerber oft: »Nein, diese acht Wochen in Frankreich kann ich doch nicht als Auslandsaufenthalt verkaufen.« Oder: »Gut, ich kann mich auf Französisch unterhalten, aber erwähnen möchte ich das lieber nicht – nachher muss ich im Vorstellungsgespräch noch Französisch sprechen!« Das sollten Sie aber erwähnen! Denn in nur vier Wochen können Sie beispielsweise nur noch passiv vorhandene Französischkenntnisse sehr gut wieder aktiviert haben.

Oft stellen Bewerber auf die oben beschriebene Art und Weise ihr Licht unter den Scheffel und lassen Mitbewerber, die über ein ähnliches Qualifikationsprofil verfügen, aber viel weniger bescheiden auftreten, an sich vorbei auf den Wunscharbeitsplatz ziehen.

Natürlich dürfen Sie auch nicht ins andere Extrem – in die glatte Lüge – verfallen. Führen Sie keine professionellen Programmierkenntnisse an, wenn Sie nur ein bisschen »rumhacken« können. Schon um Ihrer selbst und der Zufriedenheit im Job willen!

Eine kreative Möglichkeit, Ihre Fähigkeiten einer Wertung zu unterziehen, ist es, diese möglichst detailliert zu beschreiben. Während die meisten Bewerber schreiben: »Französisch: ausbaufähig«, können Sie Ihre Kenntnisse auf diesem Gebiet zum Beispiel so ausdrücken: »Französisch: Verstehe französischsprachige Texte ohne Wörterbuch«.

Hilfreich ist es zudem, Analogien zu ziehen. Wenn Erfahrung in einem Bereich gefordert wird, die Sie nicht vorweisen können, dann versuchen Sie eine ähnliche Erfahrung heranzuziehen. Sind etwa Kenntnisse im Verfassen von Direktmailings gefordert, Sie haben aber bisher nur im Produktsupport Anfragen beantwortet, dann schreiben Sie doch zum Beispiel:

»Derzeit ist es meine Aufgabe, die Bedürfnisse jedes einzelnen Kunden zu erfragen und ihm die Vorzüge des jeweiligen Produkts darzulegen. In meiner Ausbildung zur Werbefachfrau habe ich zudem mein Talent fürs Texten erfolgreich unter Beweis stellen können. Kundennahe Mailings zu verfassen fällt mir aufgrund dieser Erfahrungen leicht. Dies zeigt Ihnen auch beiliegender Vorschlag für ein Mailing, das ich anhand einer Produktinformation auf Ihrer Webseite verfasst habe.«

➔ (Falsche) Bescheidenheit bringt Sie nicht weiter: So wie Sie sich im Vorstellungsgespräch immer ein wenig besser anziehen sollten als im Alltag, sollten Sie auch im Bewerbungsanschreiben Ihren Kenntnisstand stets einen kleinen Tick besser darstellen, als er Ihnen selbst erscheint. Doch hüten Sie sich vor allzu überschwänglicher Werbung (»Stellen Sie mich ein, ich bin der Beste!«) – eine solche Vorgehensweise wird leicht mit »billig« in Zusammenhang gebracht.

Bleiben Sie stets glaubwürdig

Ein Bewerber, der sich auf Englisch unterhalten und in dieser Sprache einen verständlichen, weitgehend fehlerfreien Brief verfassen kann, darf seine Sprachkenntnisse durchaus als »sehr gut« darstellen. Ob er damit jedoch »fließend« oder gar »verhandlungssicher« Englisch spricht? Das gilt es selbst zu überprüfen!

Viele junge Akademiker, die oft ohnehin sehr viel selbstbewusster auftreten als die Generationen vor ihnen, haben das deutsche Understatement bereits ad acta gelegt, legen dabei jedoch nur wenig Kreativität an den Tag.

Da werden einfach lustig die Vokabeln aus dem Inserat übernommen. »Verhandlungssicheres Englisch« attestieren sich plötzlich auch jene, die gerade erst ihr Studium beendet haben. Ohne nachweisbare Erfahrungen im Ausland ist dies aber absolut unglaubwürdig.

Wer sich bewirbt, sollte sich vor Augen halten, was bestimmte Anforderungen – zum Beispiel »verhandlungssicher « – wirklich bedeuten: nämlich Verhandlungen, in denen es um richtig viel Geld und komplizierte Vertragsdetails geht, nicht nur sprachlich und inhaltlich zu gestalten, sondern auch eventuell versteckte verbale Fallstricke zu entdecken. Das ist weit mehr, als »fließend« über das Wetter zu plaudern.

Da sich inzwischen viele Bewerber mit »verhandlungssicherem Englisch« schmücken, besteht jedoch ein gewisser Zugzwang. Mancher mag dann denken: »Wenn ich ehrlich bleibe, übertreibt der Kollege und wird eingeladen. Also übertreibe auch ich.« – Falsch, denn entweder man wird Ihnen ohnehin nicht glauben, oder aber Sie kommen früher oder später in eine Situation, wo die Schwindelei auffällt.

Werfen Sie also nicht einfach mit Attributen um sich – das kann und tut jeder –, sondern belegen Sie Ihre Aussage, zum Beispiel mit einem TOEFL-Test (»Test Of English as a Foreign Language«) oder mit einer konkreten Situation:

»Während meines Studiums habe ich ein Praktikum bei XY absolviert und war zusammen mit dem Marketingleiter maßgeblich am Zustandekommen eines Lizenzvertrags mit einer amerikanischen Partnerfirma beteiligt. Selbstverständlich wurden die Verhandlungen auf Englisch geführt.«

Diese Formulierung bringt hinreichend zum Ausdruck, dass Sie noch nie alleine verhandelt haben. Sie legen sich hier auch nicht auf das Wort »verhandlungssicher« fest, sondern lassen Spielraum, den Sie im Vorstellungsgespräch weiter füllen können.

➔ Je glaubwürdiger eine Werbung, desto erfolgreicher ist sie – dies belegte eine Studie des GfK-Marktforschungsinstituts schon vor zehn Jahren. Besonders erfolgreich sind Kampagnen, in denen nicht nur behauptet, sondern vor allem auch belegt wird. Zwar hat das noch niemand statistisch untersucht, doch mit Sicherheit lässt sich dieses Ergebnis auch auf die Be-Werbung übertragen. Wer glaubwürdig auftritt, hat im Auswahlverfahren die Nase vorn. Ihre Bewerbung muss stimmig sein, alle Aussagen sollten zueinander passen. Durch diese Stimmigkeit der Aussagen grenzen Sie sich kreativ von denjenigen ab, die einfach nur bloße Behauptungen aufstellen und den Inseratstext wiederholen.

Gleichen Sie Selbst- und Fremdbild miteinander ab

Außenstehende nehmen Ihre Kenntnisse und Fähigkeiten oft als besser wahr, als sie Ihnen selbst erscheinen. Selbst- und Fremdbild stimmen nicht überein – oft zum Nachteil für Sie als Bewerber: sei es, weil Sie sich unterschätzen, überschätzen oder Sie sich einfach nur völlig falsch beurteilen.

Bevor Sie sich also Ihrer Bewerbung widmen, gilt es, Selbstbild und Fremdbild zu bestimmen und wie Schablonen übereinanderzulegen. Dabei hilft ein Coaching oder Seminare, wie sie zum Beispiel bisweilen von den Arbeitsämtern angeboten werden. Aber natürlich können Sie auch selbst aktiv werden und herausfinden, ob Ihr Selbst- mit dem Fremdbild kompatibel ist.

Erstellen Sie dazu zunächst eine Liste mit Ihren herausragenden Fähigkeiten und Talenten. Danach befragen Sie Freunde, Bekannte und Arbeitskollegen. Was halten diese von Ihrer Kommunikationsfähigkeit, Ihren Englischkenntnissen, Ihrem Auftreten bei Vorträgen? Bitten Sie um schonungslose Stellungnahmen.

Diese Methode hilft auch, sich der eigenen Fähigkeiten überhaupt erst bewusst zu werden. Vielleicht sind Sie ein glänzender Verkäufer, ohne das je bemerkt zu haben? Möglicherweise zeichnen Sie sich durch einen Ideenreichtum aus, der Projekten immer neuen Input gibt – was bisher nur den Kollegen oder Freunden, jedoch noch nie Ihnen selbst aufgefallen ist.

Ein Fallbeispiel: Jedes Mal, wenn die Produktmanagerin Sabine einen Vortrag halten musste, um ihre Marketingstrategie zu präsentieren, kämpfte sie mit dem Lampenfieber. Wenn sie vorne stand, schien die Stimme zu versagen, sie hatte das Gefühl zu zittern und, wenn sich die Zunge dann endlich löste, mit bebender Stimme zu sprechen. Ihr Körper verkrampfte sich, und bei Erklärungen ruderte sie hilflos mit den Armen. Die Sätze waren abgehackt, die Sprache zu langsam. Erst nach einigen Minuten gewann sie die sonst gewohnte Sicherheit und Routine zurück.

Das jedenfalls dachte sie. Bis ihr Kollegen beim Mittagstisch ihre Bewunderung für ihre Fähigkeit zur freien Rede ausdrückten: »Du kannst einfach wahnsinnig fesselnd reden. Das wirkt alles überzeugend und absolut sicher.« Auch Kunden bestätigten ihr immer wieder, wie überzeugend sie wirke.

So extreme Unterschiede in Selbst- und Fremdbild sind aber eher die Ausnahme. Wer ein realistisches Gefühl für die eigenen Fähigkeiten hat, den Vergleich mit anderen nicht scheut, auf Reaktionen der Umwelt achtet und sich diese auch als Spiegel vorhält, wird mit seinem Selbstbild immer recht nahe am Fremdbild sein. Während es an Ihren beruflichen Qualifikationen meist wenig zu deuten gibt – entweder Sie haben BWL studiert oder eine Lehre als Chemisch-Technischer Assistent absolviert – , sollten Sie bei Ihren sonstigen Fähigkeiten die Schnittmenge dessen bilden, was Sie beim Übereinanderlegen der beiden Schablonen »Selbstbild« und »Fremdbild« fett markiert sehen. Diese Schnittmenge gilt es in einer Bewerbung zu betonen und zu unterstreichen – also zu bewerben.

➔ Sie sind das »Produkt«. Sie sollten sich kennen, Ihre guten Seiten und Ihre Schwächen. Analysieren Sie sich gründlich, und lernen Sie Ihre Vorzüge kennen – vor allem auch aus der Sicht von anderen.

Benennen Sie Ihre individuellen »Soft Skills«

Die meisten in Inseraten geforderten sogenannten Soft Skills dürften mit vielen Ihrer Fähigkeiten und Eigenschaften kompatibel sein. Das liegt daran, dass sich hinter Soft Skills meist abstrakte Begriffe verbergen, die fast immer in der einen oder anderen Weise auslegbar sind.

Viele dieser Begriffe sind zu Floskeln geworden, die ohne Umfeld absolut inhaltsarm, ja geradezu leer dastehen. Unternehmen klammern sich zudem mit erstaunlicher Hartnäckigkeit an eine Handvoll Begriffe wie »Teamfähigkeit« und »Flexibilität« – und wundern sich dann, dass sie so viele unpassende Bewerbungen erhalten.

Wenn Sie sich mit einer »scharfkantigen« Bewerbung von den üblichen Weichspüler-Unterlagen abheben möchten, sollten Sie vor dem Schreiben zwischen den Zeilen der Stellenanzeige lesen und zu verstehen suchen, was die verwendeten Begriffe im Umfeld des konkreten Jobs und des Unternehmens bedeuten könnten. Das ermöglicht es Ihnen, besser auf die gewünschten Fähigkeiten einzugehen, und verhindert 08/15-Sätze wie: »Ich bin teamfähig, flexibel und einsatzbereit«, die wirklich jeder Bewerber in sein Anschreiben einbauen kann.

Empfehlenswert ist folgende Vorgehensweise: Erstens: Sie bringen die gewünschten Soft Skills zunächst mit der Tätigkeit in Verbindung, die Sie eventuell später in der Firma ausüben werden. Welche »weichen« Fähigkeiten helfen Ihnen dabei, erfolgreich zu sein? Kommunikationsstärke kann bei einer Position mit wenig Außenkontakt beispielsweise bedeuten, dass Sie eine Schnitt-

ÜBUNG: SELBSTBILD

Tragen Sie in die folgende, erweiterbare Tabelle ein, wie Sie sich selbst sehen. Wenn Ihnen etwas sehr liegt, geben Sie sich zwei ++, wenn Ihnen eine Eigenschaft (die hier zugleich Tätigkeit ist) ein bisschen liegt, ein +, wenn Ihnen etwas weniger liegt, geben Sie sich ein –, wenn gar nicht zwei – –. Geben Sie dann Bekannten, die Sie beruflich einschätzen können, eine leere Tabelle. Stimmen die Bewertungen überein?

Eigenschaft	+ +	+	–	– –
Realisieren, anpacken				
Kommunizieren, mit Menschen umgehen				
Planen, strategische Aufgaben übernehmen				
Genau sein, Dinge im Detail ausführen				
Verkaufen, von etwas überzeugen				
Beraten, andere weiterbringen				
Konzepte erstellen				
Neue Ideen entwickeln				
Lösungen finden				
Menschen führen und motivieren				
Zuarbeiten und unterstützen				
Zuverlässig ausführen				
Reparieren und handwerklich arbeiten				
Trainieren und Inhalte schulen				
Moderieren				

stelle im Unternehmen innehaben werden und sich viel mit anderen Abteilungen abstimmen müssen.

Ein Beispiel: Ein überregional tätiges Beratungsunternehmen suchte per Inserat einen »Fachberater Technik«. Die geforderten Soft Skills brachte die Firma wie folgt auf den Punkt: »Sie besitzen Kommunikationsstärke, Teamgeist und Durchsetzungsvermögen«. Sie auch?

Wahrscheinlich wird niemand, der eine Beratungstätigkeit anstrebt, auf den Mund gefallen sein. Doch natürlich bedeutet Kommunikationsstärke mehr als »plappern können«. Der tägliche Umgang mit anderen Menschen und vor allem die Beratungstätigkeit fordern zum Beispiel auch das Zuhörenkönnen, eine Sensibilität für Stimmungen und Situationen sowie die Fähigkeit, Konflikte zu lösen.

Um hier weiterzudenken, brauchen Sie nur die konkret mit dem angestrebten Job verbundenen Aufgaben zu kennen. Je mehr Sie über das Unternehmen und die Stelle wissen, desto tiefer können Sie gehen. Vielleicht finden Sie dann auch heraus, was »Durchsetzungskraft« im konkreten Zusammenhang bedeutet. Vielleicht ist ja eine Abgrenzung gegenüber sehr beherrschenden Kollegen notwendig, weil eine chaotische Unternehmens- oder Abteilungsstruktur ohne klare Hierarchien vorherrscht.

Wahrscheinlicher aber ist, dass das Durchsetzungsvermögen gegenüber dem Kunden gemeint ist. Nicht einfach »plappern«, sondern auch verkaufen, klaren Zielen nachgehen sollen Sie. Und dies auch gemeinsam mit Kollegen und ohne allzu offensichtliche Ellenbogen – dazu braucht es »Teamgeist«, die Fähigkeit nämlich, Ziele gemeinsam mit anderen zu definieren und zu erreichen.

Der zweite Schritt lautet: Sie bringen das, was vom Arbeitgeber wirklich und konkret gefordert ist, mit Ihren persönlichen Fähigkeiten zusammen und formulieren diese so scharf, dass in Ihrem Bewerbungsanschreiben harte Fakten stehen, die selbst einer Floskel wie »Teamgeist« einen persönlichen Anstrich verleihen.

Beispiel: »Teamfähigkeit bedeutet für mich die Erkenntnis, dass das Ganze viel mehr ist, als die Summe seiner Einzelteile.«

➔ Ihre Sprache sollte in Ihren schriftlichen oder elektronischen Bewerbungsunterlagen stets eindeutig und unmissverständlich sein, auch wenn sich das Unternehmen in der Stellenausschreibung in Floskeln geflüchtet hat. Auch gute Werbeanzeigen überzeugen schließlich vor allem durch eine klare Sprache, die keinen Raum für Missverständnisse und Zweideutigkeiten lässt.

Haben Sie keine Angst vor klaren Formulierungen!

90 Prozent aller Bewerber, die sich aus echtem Interesse für eine Tätigkeit – und nicht nur, um schnell einen Job zu bekommen – bewerben, bringen geforderte Skills in der einen oder anderen Form mit, wissen jedoch nicht, wie sie diese eindeutig und kreativ zum Ausdruck bringen sollen. Viele wollen sich auch gar nicht klar ausdrücken.

Dahinter steckt die Angst, zu deutlich sagen zu müssen, wer man ist, was man kann und wo man hinwill. Auch Firmen vermeiden vielfach solche Klarheit. Vielleicht steckt mühsame Abstimmungsarbeit hinter einer Formulierung, auf die sich dereinst verschiedene Abteilungen – zum Beispiel Personal-, Marketing- und Fachabteilung – geeinigt haben. Kompromisse verwischen Konturen.

Vielleicht hat eine Werbeagentur getextet und die Personalabteilung hat die Stellenanzeige hinterher bloß abgesegnet. Vielleicht müssen wenige Sätze für möglichst viele verschiedene Positionen austauschbar sein. Ganz gleich, was hinter einem Inserat steht: Sie sollten keinesfalls so konturlos oder platt darauf reagieren, wie es dort geschrieben steht.

Vielleicht sind Sie nicht einfach nur jemand mit »Durchsetzungsvermögen«, sondern jemand, der Ziele beharrlich verfolgt. Vielleicht gehen Sie beim Durchsetzen Ihrer Ziele nicht über Leichen, und Ihre bisherigen Arbeitgeber haben stets Ihre Fähigkeit gelobt, Konflikte so zu lösen, dass hinterher alle Parteien zufrieden waren.

Hier einige weitere Formulierungsbeispiele: Möglicherweise konnten Sie ein bestimmtes Projekt ***gegen zunächst große Widerstände im eigenen Haus erfolgreich realisieren.*** Und sicherlich haben Sie dabei stets das Kunststück geschafft, ***gleichermaßen die (wirtschaftlichen) Interessen der eigenen Firma wie das Kundenbedürfnis im Blick zu behalten.***

Kommunikation heißt bei Ihnen nicht einfach, Ihre eigene Strategie zu erklären und die Zustimmung des

Kunden einzuholen, sondern auch, *Zwischentöne im Dialog zu erfassen, Unstimmigkeiten sofort zu erkennen und aus dem Weg zu räumen.*

Sie verstehen es, ***Menschen zu faszinieren und zu überzeugen, und schaffen es stets, einen persönlichen Draht herzustellen.*** Und – ganz klar – das gilt nicht nur für Kunden, sondern auch für Kollegen. So verfahren Sie in der Projektarbeit ***stets nach dem Motto: »Gemeinsam sind wir stark.«*** Und so weiter.

Dies sind nur einige Beispiele, wie Sie »nackte« Substantive, also Floskeln, mit Leben und Persönlichkeit füllen können. Begreifen Sie die oben genannten Formulierungen jedoch lediglich als Anregung. Sie sollten keine vorgefertigten Sätze übernehmen, sondern individuell vorgehen.

➔ Werbefachleute widmen sich zuerst ausführlich der Zielgruppe, bevor sie eine neue Kampagne entwickeln. Das sollten auch Sie tun: Lernen Sie zunächst mithilfe der Unternehmenswebseite, von Presseartikeln oder Mitarbeiteraussagen, wie die Firma wirklich ist und wie sie gern sein möchte. (Hier gibt es übrigens oft noch krassere Unterschiede in Selbst- und Fremdbild als bei Bewerbern – mehr dazu im Kapitel zur Initiativbewerbung, Seite 71 ff.) Diese Analyse hilft Ihnen zu verstehen, was das Unternehmen von seinem neuen Mitarbeiter konkret erwartet. Bringen Sie sich dann mit Ihren »wirklichen« Fähigkeiten dort ein, wo Sie einen fruchtbaren Boden vermuten.

Sie müssen zu Ihren Worten stehen können

Manchmal sind in einem Stelleninserat Fähigkeiten gefragt, mit denen sich ein Bewerber nicht identifizieren kann oder will. So begegnete mir während eines Seminars ein junger Mann, der in eine Unternehmensberatung einsteigen wollte, Teamarbeit jedoch strikt ablehnte. »Ich will meine Ziele allein verwirklichen«, sagte er, der schon während seiner Studentenzeit eine eigene Firma aufgebaut hatte, die zwischenzeitlich jedoch Konkurs anmelden musste.

Das schien mir im ersten Moment ein größeres Bewerbungsproblem zu sein: Auch wenn ich der Ansicht bin, dass Teamarbeit streckenweise nur gewünscht ist, damit der Chef seine Ruhe hat, gibt es wohl kaum eine Firma, die keinen Wert auf »Gruppenarbeiter« legt – zumal in einer Einstiegsposition.

Wer will sich schon – und vor allem: wer will sich als Chef – einen krankhaften Ellenbogenschieber ins eigene Haus holen? Jemanden, der alles daransetzt, in einer Gruppe sofort zum Leithammel aufzusteigen, und dabei vielleicht sogar die nächstbeste Gelegenheit ergreift, auch den Vorgesetzten vom Thron zu kicken? Genau, niemand!

Der neue Mitarbeiter muss sich ganz im Gegenteil in den meisten Fällen einfügen können und auch wollen. In welcher Form jedoch und in welchem Grad, das hängt stark von der jeweiligen Position ab.

Ein Webprogrammierer etwa kann nicht ganz allein für sich möglichst schöne Webseiten bauen, sondern muss, um das übergeordnete Ziel zu erreichen – beispielsweise den Aufbau einer Firmenwebseite nach vorgegebenem Konzept –, eng mit Grafikern und Textern zusammenarbeiten.

Das heißt auch: Er muss deren Anteil an der Leistung akzeptieren können. Nicht selten kommt es allerdings in der Praxis vor, dass der Programmierer eigene Entwürfe macht oder an den vorhandenen herumbastelt, was fast zwangsläufig zu Ärger und Unstimmigkeiten im Team führt.

Ein Fachberater muss vielleicht mit einem anderen Fachberater gemeinsam ein Unternehmen betreuen und sich dafür mit diesem über Zeit- und Terminrahmen abstimmen, ist aber nicht auf den anderen angewiesen und muss nicht mit dessen Vorarbeit leben – die Facetten der Teamarbeit sind unendlich vielfältig.

Bei näherem Kennenlernen stellte sich übrigens heraus, dass der oben erwähnte »schwierige« Bewerber, nennen wir ihn Dieter, durchaus bereit war, sich als Berater in ein Team einzufügen, solange er seine eigenen Kunden und Hoheitsgebiete in der Beratung hatte, eigenständig arbeiten und Ziele selbstständig verwirklichen konnte.

Gerade in höheren Positionen sind allerdings kaum Mitarbeiter gefragt, deren Arbeit im gemeinschaftlichen Tun – in der Teamarbeit – vollkommen aufgeht. Die Ablehnung des Begriffs »Teamarbeit« lag also mehr in einer Interpretation der Floskel begründet, die für die Position, die der Bewerber anstrebte, nicht relevant war.

Zumal Dieters Vergangenheit als Selbstständiger ihn ohnehin in eine Richtung geprägt hatte, die Tätigkeiten mit eng umrissenen Aufgabengebieten von vornherein ausschloss. Denn berufliche Selbstständigkeit wird automatisch mit Ehrgeiz und Eigenständigkeit in Verbindung gebracht.

Mein Vorschlag für Dieter lautete: Inserate mit dem Wunsch nach »Teamfähigkeit« nicht ausklammern, sondern erst einmal zwischen den Zeilen lesen. Die Teamfähigkeit als Fähigkeit definieren, mit anderen gemeinsam an einem übergeordneten Ziel zu arbeiten – etwa dem Aufbau eines neuen Unternehmenszweiges –, dabei aber den Wunsch nach selbstständigem Arbeiten und Eigenständigkeit unterstreichen.

Und am besten dies alles mit einem konkreten Beispiel veranschaulichen: »Schon während meines Studiums habe ich gemeinsam mit zwei Kommilitonen einen Vertrieb für Hundeleinen aufgebaut. Eigenverantwortliches Arbeiten bin ich daher gewohnt.« Das »gemeinsam« in diesem Satz sorgt für ein gewisses Gegengewicht zum »eigenverantwortlichen Arbeiten«.

➔ Betreiben Sie keinen Etikettenschwindel. Verkaufen Sie sich als das, was Sie sind, aber tun Sie das nicht aus Ihrem persönlichen Blickwinkel, sondern aus dem Ihrer Zielgruppe (also des Unternehmens, an das Sie die Bewerbung richten).

➔ Beseitigen Sie alle Unklarheiten. Viele Jobsuchende streuen ihre Bewerbungen sehr breit, nach dem Motto: Je mehr Bewerbungen ich verschicke, desto eher werde ich eingestellt. Natürlich ist dies ein völliger Trugschluss! Vielmehr müsste es heißen: Je sorgfältiger Sie die Stellen auswählen, auf die Sie sich bewerben, und je mehr Sie über die richtige Strategie für jede einzelne Bewerbung nachdenken, desto wahrscheinlicher folgt die Einladung zu einem Vorstellungsgespräch.

Deshalb sollten Sie sich nie auf Stellen bewerben, die nicht zu Ihnen passen. Leider wird das Auswählen und -sortieren den Bewerbern immer schwerer gemacht, denn manches Inserat ist kaum aufschlussreicher als ägyptische Hieroglyphen. Die bereits ausführlich diskutierten Standardfloskeln von »Flexibilität« bis »Teamfähigkeit«, meist im zweiten Teil des Inserats zu finden, sind oft der einzige Halt für den Bewerber.

Ein Beispiel aus einem Stelleninserat: »Aufladen des Access mit Produktmerkmalen und Sonder-Content-Marktbeobachtung« – was auch immer das heißen mag: Ich weiß es zumindest nicht. – Sie etwa? Wahrscheinlich auch nicht. Ob es der Inserent selbst weiß? Fragen Sie ihn doch! Fragen zum Inserat sind ganz natürlich und sollten Ihnen nicht peinlich sein. Niemand kann schließlich verlangen, dass Sie Stellenanzeigen mithilfe eines Lexikons entschlüsseln. Und niemand kann ernsthaft wollen, dass Bewerber nur vermuten dürfen, die richtige Besetzung für eine ausgeschriebene Position zu sein.

Nicht zuletzt ist auch das Kauderwelsch der Stelleninserate mit dafür verantwortlich, dass 90 Prozent aller

Bewerbungen schon allein deshalb aussortiert werden, weil das Qualifikationsprofil des Kandidaten überhaupt nicht mit den Erfordernissen des Arbeitsplatzes übereinstimmt.

Vielleicht findet der Personalbearbeiter Sie aufgrund Ihrer Rückfragen naiv. Vielleicht nerven Sie, vielleicht wecken Sie aber auch ganz im Gegenteil Sympathie bei ihm, weil Sie durch Ihren Anruf Interesse signalisieren. In jedem Fall sollten Sie nach einem Vorab-Telefonat einen bedeutenden Schritt vorangekommen sein: Sie wissen dann zumindest, was hinter einem miss- oder unverständlichen Ausdruck steht.

Wenn Sie mit der Erklärung allerdings nichts anfangen können – vielleicht weil es um technische Dinge geht, die gar nicht in Ihr Fachgebiet fallen –, wissen Sie nun, dass eine Bewerbung überflüssig ist, weil Sie ohnehin nicht die gewünschten Voraussetzungen mitbringen.

Wenn Sie aufgrund der Erklärung jedoch einen Aha-Effekt erleben (»Das passt ja wunderbar!«), dann haben Sie nicht nur eine Stelle, auf die Sie sich bewerben können, sondern auch einen wahrscheinlich positiven Eindruck hinterlassen, denn Sie haben Interesse und Eigeninitiative bewiesen.

Mit etwas Glück kann Ihnen das natürlich auch im ersten Fall passieren: Wenn nicht dieser Job, vielleicht gibt es ja einen anderen, der besser passt? Kurzum: Sie können nichts verlieren, nur gewinnen. Hinweise zur Interpretation von Stelleninseraten haben Sie ja bereits erhalten.

Nachfragen sollten Sie nicht nur, wenn Ihnen unbekannte Begriffe oder Abkürzungen begegnen, sondern auch bei verklausulierten Formulierungen. Was meint die ausschreibende Firma etwa mit »stimulierendem Teamumfeld« und »Umsetzungsfertigkeiten«?

Genau: Bevor Sie hier lange herumrätseln, sollten Sie zum Hörer greifen. Stellen Sie sich kurz vor und schildern Sie dann Ihr Anliegen, wobei Sie den Ball möglichst zügig an den Ansprechpartner weitergeben sollten. Etwa so: »Diese Formulierung ist mir nicht ganz klar. Können Sie mir bitte erklären, was Sie damit konkret meinen?«

➔ Bevor Sie Ihre Werbestrategie ausarbeiten, sollten Sie nicht nur die Vorzüge und Verkaufsargumente des Produktes kennen lernen (also sich selbst), sondern auch Ihre Zielgruppe (das Unternehmen, in dem Sie arbeiten möchten) und das Marktumfeld (die Branche und den Wettbewerb). Es sollten keine Fragen offen bleiben.

➔ Verschwenden Sie keine Energien mit überflüssigen Bewerbungen. Widerstrebt Ihnen eine in einem Inserat geforderte Eigenschaft? Dann verpulvern Sie nur unnötig Energie, wenn Sie sich trotzdem daraufhin bewerben. Bewerben Sie sich nur auf Stellen, wenn Sie sich nicht nur mit den geforderten Qualifikationen, sondern auch mit den gewünschten Soft Skills identifizieren können.

➔ Eine Position, in der zum Beispiel eigenständiges Arbeiten gefordert ist (etwa, weil eine neue Abteilung aufgebaut werden soll), passt einfach nicht zu Ihnen, wenn Sie mit (beruflicher) Selbstständigkeit nichts am Hut haben, sich stattdessen lieber führen und anleiten lassen. Selbst wenn Sie die Grundvoraussetzungen (etwa eine abgeschlossene kaufmännische Lehre) mitbringen, würden Sie sich in diesem Job wahrscheinlich nicht wohl fühlen. Und auch Ihre Bewerbung wäre deshalb wahrscheinlich halbherzig.

➔ Die besten Slogans texten Kreative, die sich mit einem Produkt hundertprozentig identifizieren können. Die besten Bewerbungen schreiben Sie, wenn Sie sofort nach dem Lesen der Anzeige wissen: Hier würde ich gerne arbeiten, hier könnte ich all meine Fähigkeiten optimal einsetzen.

Die Bewerbungsvorbereitungen Schritt für Schritt

1. Analysieren Sie zunächst wie ein Marketingstratege das »Produkt« und seine Vorteile:

- Welche Ihrer Vorzüge könnten – über die fachliche Qualifikation hinaus – für die Position relevant und für das Unternehmen interessant sein?
- Wie sehen Bekannte und Kollegen Sie? Teilen diese Ihre Einschätzung bezüglich Ihrer Talente?

2. Das Unternehmen, bei dem Sie sich bewerben, ist Ihre Zielgruppe. Lernen Sie es genau kennen, um zu wissen, was es von Ihnen über die reine Qualifikation hinaus erwartet:

- Welches Bild zeichnet die Öffentlichkeit (zum Beispiel Printmedien) von der Firma?
- Welches Bild des Unternehmens spiegeln dessen Mitarbeiter wider?
- Welche Art von Image spiegelt der Firmenauftritt – etwa im Internet – wider?

3. Jeder ist auch ein Produkt seiner Umwelt, jede Firmenpolitik auch Ergebnis des Branchenumfelds und der jeweiligen Wettbewerbssituation. Auch darüber sollten Sie bestens informiert sein:

- Wer sind die Wettbewerber?
- Welche Marktstellung hat das Unternehmen?
- Was ist seine Vision und sein »Mission Statement«?
- Welche Ziele möchte es erreichen?

Peter Fries – vom Serienbrief zur Bewerbung mit Persönlichkeit

Das folgende Beispiel zeigt, wie Sie sich durch klare (»scharfe«) Formulierungen ein Profil geben, das Sie positiv von der Konkurrenz abhebt. Bedenken Sie dabei: Eine Bewerbung ist nur gut, wenn Sie genau auf Produkt und Zielgruppe zugeschnitten ist und in gewisser Hinsicht auch deren Wettbewerbssituation berücksichtigt. In Bezug auf eine weitere offene Stelle mögen andere Formulierungen und Argumente passender sein.

Peters Hintergrund

Peter Fries ist gelernter Groß- und Außenhandelskaufmann, ein BWL-Studium hat er vor dem Vordiplom abgebrochen. Darüber hinaus ist er zweimal durch eine Prüfung für die Beamtenlaufbahn gerasselt. Zehn Jahre lang arbeitete der heute 36-Jährige für ein kleines Weiterbildungsinstitut, war hier »Mädchen für alles«, zuständig für Einstellungen, Buchhaltung, Sekretariatsaufgaben wie den Telefondienst, aber auch für Entwurf und Druck der Werbebroschüren.

Doch dann ging sein Arbeitgeber pleite, die Firma wurde verkauft. Die nächste Position bot sich ihm in der Buchhaltung eines internationalen Konzerns für Reifen und Autozubehör. Doch dort war sein Aufgabenbereich auf die bloße Erstellung von Reisekostenabrechnungen beschränkt. Langweilig, fand Peter und begann wenige Wochen nach der Einstellung nach etwas Neuem zu suchen.

Über 100 Serienbrief-Bewerbungen verschickte Peter daraufhin, »überall dorthin, wo es einigermaßen passte«. Er wurde jedoch nur etwa 20-mal zu einem Vorstellungsgespräch eingeladen. Ein schlechter Schnitt, wie er selbst erkannte – woraufhin er ein Bewerbungstraining buchte.

Karriereberater gehen davon aus, dass je nach konjunktureller Lage und Qualifikation etwa jede dritte Bewerbung zum Vorstellungsgespräch führen sollte – vorausgesetzt, der Arbeitsplatzsuchende bewirbt sich auf passende Stellen und geht auf die im Inserat geforderten Qualifikationen ein. Auch bei Vorstellungsgesprächen gilt die Drittel-Regel: Wenn nicht eines von drei Vorstellungsgesprächen mindestens zum Zweitgespräch führt,

1. Version

Peter Fries
Eichbornweg 15
12345 Buchstädt
Telefon: 0123 456789

Lern-Institut Karl Lukas
Herrn Karl Lukas
Bewerbergasse 7
22587 Hamburg

Buchstädt, 30.04.2008

<u>Ihr Inserat im Hamburger Abendblatt</u>

Sehr geehrte Damen und Herren,

hiermit bewerbe ich mich auf Ihr Inserat im Hamburger Abendblatt.

Ich bin gelernter Groß- und Außenhandelskaufmann und derzeit bei der Firma Dunrap in der Buchhaltung beschäftigt. Mein Aufgabengebiet ist die Reisekostenabrechnung.

Bis zum Jahr 2007 war ich Angestellter beim Weiterbildungsinstitut Frank Möller und hier mit unterschiedlichen Aufgaben betraut, z. B. mit der Personalbuchhaltung.

Nach dem Abitur habe ich vier Semester BWL studiert. Danach strebte ich eine Beamtenlaufbahn an.

Ich bin ein kühler Rechner, flexibel, teamfähig und dynamisch.

Über ein persönliches Gespräch, in dem wir auch die Gehaltsfrage klären könnten, würde ich mich sehr freuen.

Mit freundlichen Grüßen

Peter Fries

Anlagen

Die erste Version von Peters Anschreiben ist nicht personalisiert, also an einen konkreten Ansprechpartner gerichtet, und wirkt daher auch im Stil unpersönlich und distanziert, was natürlich nicht gerade Sympathie beim Empfänger weckt. Außerdem ist das Schriftstück »nackt«, es weist keinerlei kreative Gestaltungselemente auf.

2. Version

Peter Fries

Eichbornweg 15
12345 Buchstädt
Telefon: 0123 456789
E-Mail: peterfries@dep.de

Petersen Training
Herrn Petersen
Meine-Bewerbung 9
12345 Buchstädt

30. April 2008

Sehr geehrter Herr Petersen,

haben Sie vielen Dank für die ausführliche Beschreibung der Position als kaufmännischer Geschäftsführer. Nach unserem Telefongespräch bin ich mir ganz sicher, dass es richtig ist, sich bei Ihnen zu bewerben.

Mir gefällt die Art, wie Sie Ihr Unternehmen führen. Selbst Ihrer Telefonistin macht das Arbeiten spürbar Spaß! Und dass Sie den Freitag als „Frei-Tag“ betrachten, finde ich wunderbar. Es ist überhaupt kein Problem für mich, dafür an anderen Tagen mehr als die obligatorischen acht Stunden zu investieren.

Dank der von meinem ehemaligen Arbeitgeber Koch & Partner gelobten raschen Auffassungsgabe kann ich mich problemlos eigenständig in kaufmännische Bereiche einarbeiten. Die von Ihnen beschriebene Vielfalt der Aufgaben ist für mich alles andere als „abschreckend“, im Gegenteil, ich finde sie sogar herausfordernd.

Vielseitigkeit habe ich nicht zuletzt auch in meiner zehnjährigen Tätigkeit für Koch & Partner unter Beweis gestellt. Ob Personalbuchhaltung, Rechnungs- und Mahnwesen oder Kostenkontrolle: In vielen Bereichen, die ich bei Ihnen übernehmen würde, besitze ich fundierte Erfahrungen.

Darüber hinaus verfüge ich über sehr gute Kenntnisse des Microsoft-Office-Pakets (einschließlich Office XP) und spreche gut Englisch.

Natürlich würde ich mich sehr freuen, wenn wir uns bald einmal zu einem persönlichen Gespräch treffen könnten.

Mit freundlichem Gruß

Peter Fries

Kurz-Vita

geboren	1.9.1971 in Köln, verheiratet
Berufspraxis	– 10 Jahre beim Weiterbildungsinstitut Koch & Partner, zuletzt als kaufmännischer Geschäftsführer – seit 2007 bei Dunrap für die Reisekostenabrechnung zuständig
Ausbildung	– gelernter Groß- und Außenhandelskaufmann – BWL-Studium bis zum Vordiplom
weitere Argumente	gutes Englisch, hervorragende Computerkenntnisse, extreme Vielseitigkeit, Freude an neuen Aufgaben, Spaß daran, in einem kleinen Team gemeinsame Ziele zu verwirklichen

Das überarbeitete Anschreiben von Peter Fries, mit dem er sich bei der Firma Petersen Training bewarb, enthält, neben dem deutlichen Bezug auf das Vorab-Telefonat und einer sehr persönlich gehaltenen Ansprache des Firmenchefs, auch das Bewerberfoto und eine Kurz-Vita.

stimmt möglicherweise etwas mit der Bewerbungsstrategie nicht, und der Kandidat sollte seine Herangehensweise überdenken.

Peters Strategie

Peters Stärke ist seine Vielseitigkeit. Er ist es gewohnt, eine kleine Firma fast wie ein Geschäftsführer zu leiten und dabei alle anfallenden Aufgaben zu übernehmen. Eine solche Position würde er in einer großen Firma nicht finden. Aus diesem Grund klammerten wir bei der Sichtung der Stellenangebote alle Firmen mit mehr als 50 Mitarbeitern aus und konzentrierten uns auf die kleinen Betriebe.

Kreative Aspekte dieser Bewerbung

Was macht diese Bewerbung kreativ und ansprechend? Zum Beispiel der übersichtliche Kasten mit der Kurz-Vita. Diese Darstellung wendet sich an Personalverantwortliche, die wenig Zeit haben und das Anschreiben meist nur überfliegen. Der Kasten zieht den Blick auf sich und dient als Appetitmacher.

»Hm, interessant«, wird sich der Personaler im Idealfall denken, »was schreibt der denn da?« Nun beginnt er zu lesen und wird durch die individuelle, persönliche Formulierung direkt angesprochen und an das Vorab-Telefonat erinnert. Natürlich müssten Sie das Telefongespräch mitgehört haben, das vorher stattgefunden hat, um zu wissen, inwieweit der Empfänger des Schreibens darin persönlich angesprochen wird.

Das Vorab-Telefonat

In so einem den schriftlichen Unterlagen vorausgehenden Gespräch können Sie sowohl die Stimmung erfassen, die in einem Unternehmen herrscht, als auch die Wünsche und Anforderungen sowie die Persönlichkeit des Verantwortlichen einschätzen. Außerdem liefert es Ihnen die wertvolle Möglichkeit, mit Ihrem Brief an das Gespräch anzuknüpfen.

Peter landete mit seinem ersten Kontaktanruf bei der Sekretärin. Statt schnurstracks den »Chef« zu verlangen, stellte er sich kurz vor und erklärte den Grund seines Anrufs. Daraus entwickelte sich eine lockere Plauderei über Hobbys, das Wetter und den Job. Durch die offene Atmosphäre verlor Peter schnell die anfängliche Unsicherheit. Obwohl die Sekretärin anfangs nicht bereit gewesen war, Peter durchzustellen, tat sie es schließlich doch. »Wissen Sie, ich frag ihn einfach. Ist zwar Mittagspause, aber ...«

Im Gespräch mit dem Geschäftsführer, Herrn Petersen, stellte Peter sich erneut vor. Er legte dabei den Akzent auf seine Tätigkeit als kaufmännischer Leiter bei Koch & Partner, einem Wettbewerber von Petersen, der vor einem Jahr von einem anderen Institut gekauft worden war, woraufhin sein Arbeitsplatz weggefallen war.

Natürlich folgte nach dieser Einführung die Frage nach der derzeitigen Tätigkeit, die Peter selbst als wunden Punkt im Lebenslauf empfand. »Seit einem Jahr bin ich bei einem großen Autozubehör- und Reifenkonzern beschäftigt. Reisekostenabrechnung.« Durch die Formulierung und den Ton kam beim Gegenüber die Botschaft an, dass diese Tätigkeit Peter nicht befriedigt.

Der Geschäftsführer fragte direkt nach. Peter antwortete ebenso direkt: »Ich bin jemand, der immer neue Herausforderungen braucht. Das Aufgabengebiet hat sich als zu eng herausgestellt.« An dieser Stelle beschreibt Petersen das Aufgabengebiet in seinem Betrieb als vielfältig und abwechslungsreich: »Damit dürften Sie hier keine Probleme haben.«

Klar wird, dass Petersen jemanden zum Anpacken in verschiedenen Bereichen sucht. Einen Mitarbeiter, der auch Pionierarbeit leisten muss. Außerdem weist er auf sein ungewöhnliches flexibles Arbeitszeitmodell hin: »Wir arbeiten nur vier Tage die Woche, dafür zehn Stunden am Tag. Ich bin an den Arbeitstagen manchmal bis 22 Uhr im Büro ... Dafür ist Freitag Frei-Tag – im wahrsten Sinne des Wortes.«

Sie sehen – der erste Kontakt ist entscheidend. Treten Sie nicht zu forsch auf, sondern seien Sie höflich, und lassen Sie Gespräche entstehen. Am einfachsten erreichen Sie das, indem Sie ein bisschen von sich erzählen und Fragen stellen, die sich nicht mit einem klaren Nein beantworten lassen.

Schlecht wäre etwa der folgende Gesprächsbeginn: »Müller, guten Tag. Ich möchte mich bewerben. Kann ich bitte Herrn Soundso sprechen?« Das provoziert mit großer Wahrscheinlichkeit die Antwort: »Nein, der ist nicht da. Schicken Sie Ihre Unterlagen doch per Post.«

Besser wäre beispielsweise die folgende Alternative: »Mein Name ist Müller. Ich bin kaufmännischer Leiter bei XYZ und interessiere mich sehr für die ausgeschriebene Stelle. Ich hätte allerdings noch ein paar Fragen zu der Tätigkeit. Dürfte ich vielleicht mit Herrn Soundso sprechen?«

Warum auch die Gestaltung der Bewerbung erfolgreich wirbt

Die Bewerbung von Peter F. fällt optisch aus dem Rahmen, da sie ein klassisches Anschreiben mit einer Kurz-Vita kombiniert. Dieser Kurz-Vita folgt ein ausführlicher, konservativer Lebenslauf, in dem auch die bisherigen Aufgabengebiete des Kandidaten genau und verständlich beschrieben sind.

Der graue Kasten mit den wichtigsten Lebenslaufdaten auf dem Anschreiben soll einen schnellen Einblick vermitteln: Wie alt? Was gemacht? Welcher Hintergrund? Ohne blättern zu müssen, präsentieren sich alle essenziellen Fakten auf einer einzigen Seite. Es ist somit überflüssig, Lebenslaufdaten in den Text des Anschreibens aufzunehmen, dieser kann sich auf seine wichtigste Funktion konzentrieren: Sympathie zu wecken.

Auch das Foto fügt sich hier gut ein. Der Bewerber lächelt und wirkt dadurch sehr offen. Er ist zudem der Bewerbung zugekehrt und nicht abgewandt, lächelt also den Leser an und schaut nicht aus dem Brief hinaus. Der Anschnitt – einfach in einem Bildbearbeitungsprogramm einen entsprechenden Bereich aus dem Foto ausschneiden – ist ein sehr wirksames Mittel, um diesen Effekt zu unterstreichen. Die meisten Menschen sehen auf angeschnittenen Fotos sympathischer aus. Ausführliche Hinweise zu Bewerbungsfotos finden Sie ab Seite 117.

Das Fazit: Alles in allem ist dies eine Bewerbung, die konservative Elemente und kreative Details perfekt miteinander verschmilzt. Sie wirbt für Peter F., indem sie schnell, gezielt, sachlich und persönlich informiert.

Ihr Auftreten im Vorstellungsgespräch sollte zur Bewerbung passen

Die ersten Sekunden eines Vorstellungsgesprächs entscheiden über Sympathie oder Ablehnung. Aber auch eine eventuell bereits aufgebaute Erwartungshaltung spielt eine große Rolle. Haben Sie sich in Ihrer Bewerbung als Mensch mit forschem und zupackendem Wesen dargestellt und sitzen Sie beim Vorstellungsgespräch verschüchtert in der Ecke, lösen Sie zumindest Verwunderung aus. Doch dies allein wird nicht zur Absage führen: Aufregung vor einem so wichtigen Termin kann auch selbstbewusste Zeitgenossen nervös machen – das weiß jeder Personalchef.

Entpuppen Sie sich im Gespräch jedoch auch nach der Aufwärmphase noch als zurückhaltend, dürfte Ihr Gegenüber Ihre schriftlichen Aussagen als bloßes Lippenbekenntnis werten, nachdem er Ihre Hand zum Abschied geschüttelt hat. Statt eines guten Eindrucks haben Sie Fragezeichen hinterlassen. Solche Situationen entstehen leicht, wenn Formulierungen einfach abgeschrieben werden.

Je mehr Persönlichkeit eine Bewerbung ausstrahlt, desto erfolgreicher wird sie sein, und desto eher wird sie zum Vorstellungsgespräch führen. Je mehr Persönlichkeit sie ausstrahlt, desto größer ist aber auch die Erwartungshaltung des Personalverantwortlichen, und desto konkreter ist sein Bild von der Person, die er im Vorstellungsgespräch das erste Mal sieht. Diesem Bild müssen Sie durch Ihre Persönlichkeit entsprechen können. Können Sie das nicht, müssen Sie Ihre Bewerbungsstrategie neu überdenken.

Fallbeispiel Susanne Mühlhaus

Eine Kandidatin, Susanne, bewarb sich als Pressesprecherin bei einem großen Unternehmen. Ihre Bewerbung war bunt und auffällig. Auf dem Deckblatt hatte sie das Logo der Firma eingearbeitet.

Susanne bezeichnete sich in ihren Unterlagen als argumentationsstark und verbindlich im Auftreten. Sie hob hervor, dass sie bereits als Teamleiterin mehrere Männer unter sich gehabt hatte. Die Bewerbung hatte ein Freund für sie gestaltet. »Du musst dich besser verkaufen«, hatte er durchaus richtig argumentiert. Nur: Niemand sollte etwas zu verkaufen versuchen, was er nicht hat. Wie gesagt: Duplo kann eine Praline sein, aber kein Schinken.

Susannes Händedruck zu Beginn des Vorstellungsgesprächs war so lasch, als würde man einer Spaghetti »guten Tag« sagen. Ihre Stimme klang leise und zurückhaltend – sie wirkte unauffällig, ja etwas schüchtern. Das hätte sich der Personalchef unter dieser Bewerbung sicher nicht vorgestellt.

Die nächste Bewerbung wurde ganz auf Susannes wirkliche Persönlichkeit zugeschnitten. Dabei war es wichtig herauszufinden, mit welchen Aussagen und welcher Gestaltung sie sich wohl fühlte. Was waren ihre Vorteile? Was schätzten ihre Freunde an ihr? Was die früheren Arbeitgeber?

Schnell kam heraus, dass es ihre sachliche, ruhige und zurückhaltende Art war, die gut ankam. »Die beherrscht ihr Handwerk«, war der Eindruck. »Das ist eine, die setzt auf Bewährtes und führt die Linie weiter, die wir hier gewohnt sind.« Was für den einen Personalchef langweilig war (weil er eine andere Erwartungshaltung hatte), würde auf einen anderen wahrscheinlich kompetent und professionell wirken.

Sicher würde Susanne nicht, ohne sich verstellen zu müssen, in einem Unternehmen gut ankommen, das Wert darauf legt aufzufallen, das neue Wegen beschreiten möchte. Sie würde nie der Typ sein, der etwas neu aufbaut, Ruder herumreißt und zukunftsträchtige Ziele bestimmt. Sie ist eher der »ruhende Pol«, ideal als Pressesprecherin einer »gesetzten« Branche. Inzwischen hat sie die Presseabteilung eines Bauunternehmens übernommen – ihre Eintrittskarte war die Bewerbung auf Seite 70.

Wenn Sie die beiden Bewerbungen auf den nächsten Seiten betrachten, bedenken Sie bitte, dass ich beide Anschreiben für sehr gelungen halte. Nur: Sie passen nicht zur gleichen Person und richten sich nicht an denselben Adressaten. Für eine »andere« Susanne, einen ganz anderen Typ von Mensch, wäre die erste Bewerbung durchaus passend und kreativ gewesen!

Bewerbung als Leiterin Kommunikation

Susanne Mühlhaus, Paulusstraße 7, 22234 Hamburg, Phone: 040 5567889
mailto: susanne@muehlhaus.de

Guten Tag, meine Damen und Herren!

Ja, ich will: Aufbauen! Verändern! Den Staub wegtreten (mit Ihren Schuhen an den Füßen)! Ziele durchsetzen!

Das Image von Arktebis in die Öffentlichkeit tragen. Dafür sorgen, dass junge Leute es cool finden, mit Ihren Loafers durch die Stadt zu laufen. Und, natürlich, Ihrem Kommunikationsteam so richtig Dampf machen.

Lernen Sie mich kennen!

Soft + Hard Skills:
- 32 Jahre jung
- studiert
- kommunikationsstark
- Englisch und Französisch fließend
- vier Jahre bei einem namhaften Markenartikler der Textilbranche
- zuletzt als Pressesprecherin verantwortlich für ein Team von zwei Referenten und einer Sekretärin

Besten Gruß!

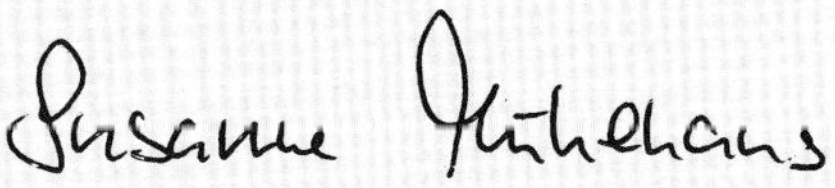

Das erste Anschreiben von Susanne Mühlhaus wirkt mit den sehr kurzen, sloganhaften Sätzen, den vielen Ausrufezeichen und der Kurzzusammenstellung ihrer wichtigsten Soft und Hard Skills fast provozierend energiegeladen und lässt eine recht extrovertierte Person hinter der Bewerbung vermuten.

BEWERBUNG

Susanne Mühlhaus
Paulusstraße 7, 22234 Hamburg
Tel. 040 5567889
mailto: susanne@muehlhaus.de

Bau & Sohn GmbH
Personalabteilung
Herrn Gustav Humperdink
Bauerstraße 7
87888 Bauhausen

Hamburg, 6. Juli 2008

Sehr geehrter Herr Humperdink,

Diplomatie ist Ihnen wichtig, schreiben Sie in Ihrem Inserat. Sie wünschen sich eine Pressesprecherin, die Ihr Unternehmen nach außen vertritt und wirksame Öffentlichkeitsarbeit leistet, gerade auch im regionalen Umfeld. Die durch eine kluge Unternehmenskommunikation Abteilungen eint und für den internen Zusammenhalt sorgt.

Ich bin überzeugt, all dies – und eine Menge mehr – für Sie leisten zu können. Warum? Nun, zum einen verfüge ich über die entsprechende Ausbildung und Berufserfahrung, bin bereits seit zwei Jahren als Pressesprecherin beim Markenartikler Somaris tätig.

Zum anderen bringe ich die persönlichen Eigenschaften mit, die Sie fordern und die auch ich für wichtig halte: Ich bin ausgleichend und besitze ein ruhiges Wesen, bin jedoch verbindlich im Auftreten.

Obendrein spreche ich Englisch und Französisch fließend und beherrsche das Microsoft-Office-Paket.

Sicher haben Sie Verständnis dafür, dass ich mich über Gehaltswünsche und Rahmenbedingungen wie den Eintrittstermin lieber in einem persönlichen Gespräch mit Ihnen unterhalten würde.

Mit freundlichen Grüßen

Das zweite Anschreiben von Susanne Mühlhaus wirkt im Gesamtbild sehr klar, ruhig und nüchtern und macht deutlich, dass ihre persönlichen Eigenschaften und Fähigkeiten als Bewerberin mit den von der Firma gesuchten perfekt übereinstimmen.

Initiativ bewerben

Aktiv ohne Stelleninserat

Nur 30 Prozent aller Jobs werden über ein Stelleninserat vermittelt. Die weitaus größte Zahl aller Arbeitsverträge kommt auf anderen Wegen zustande: durch persönliche Kontakte, Beförderungen innerhalb der Firma, Headhunter – und natürlich durch Initiativbewerbungen.

»Wir mussten hier noch nie ein Stelleninserat schalten«, sagt Michael Felser von Felser Rechtsanwälte. In der 20 Mitarbeiter starken Kanzlei in Brühl landen immer genügend Initiativbewerbungen auf dem Schreibtisch des Chefs. Auch wenn aktuell keine Stelle frei ist, haben Initiativbewerber beste Chancen. »Wenn jemand zu uns passt, haben wir bisher immer auch Lösungen gefunden, den Zeitraum zu überbrücken, bis eine Einstellung möglich ist.«

Wenn Sie telefonisch bei einer Firma anfragen, ob Interesse an Ihrer Bewerbung besteht, so bewerben Sie sich bereits »initiativ«. Dieser Weg ist einer Blindbewerbung – bei der Sie einfach auf gut Glück Ihre Unterlagen einsenden – immer vorzuziehen. Nach einem persönlichen Gespräch können Sie einfach viel gezielter reagieren: Sie haben den Ansprechpartner in Erfahrung gebracht, wissen – denn nach alldem haben Sie sich natürlich im Gespräch erkundigt –, welcher spezielle Bedarf besteht und wie die Firma strukturiert ist.

Meist ist es empfehlenswert, beim ersten Kontakt nach der Fachabteilung zu fragen, denn der Abteilungsverantwortliche kann Stellenspezifikationen viel genauer wiedergeben. Zudem hat er ein ureigenes Interesse an der Besetzung vakanter Stellen mit geeigneten Personen oder der Schaffung neuer Positionen, beispielsweise aufgrund eines veränderten Bedarfs, neuer Zielsetzungen oder Schwerpunkte.

Um diese Pläne zu verwirklichen, entwickeln manche Fachverantwortliche erstaunliche Energien, vor allem, wenn sie jemanden an der »Angel« haben, der für den Job bestens geeignet wäre. Einer Personalabteilung dagegen brennen Neueinstellungen längst nicht so sehr unter den Fingernägeln.

Der »verdeckte« Arbeitsmarkt – wie Sie neue Jobs finden, die noch gar nicht ausgeschrieben sind

Je älter ein Bewerber ist, desto seltener wird er sich auf ein Stelleninserat bewerben – vielmehr: bewerben müssen. Erfahrene Führungskräfte und Spezialisten befinden sich oft ohnehin im Visier der Personaljäger, wenn sie sich in den Jahren ihrer Berufstätigkeit entsprechend gut verkauft, ihren Namen in Branchenblättern gestreut, auf der Website genannt, sich auf Messen bekannt gemacht haben und allgemein mit ausreichender Öffentlichkeitswirkung aufgetreten sind. Es ist ein Trugschluss zu glauben, nur der Beste würde stets abgeworben – oft ist es derjenige, der sich am besten verkaufen konnte und »präsent« war.

Ist Ihnen das Glück, zum richtigen Zeitpunkt von der richtigen Firma abgeworben zu werden, nicht beschieden, empfiehlt sich der Weg nach vorn. Lesen Sie alle Zeitungen, in denen sich passende Inserate finden, und klicken Sie regelmäßig in Online-Stellenbörsen, die zu Ihrem Profil passende Jobs bieten. Hören Sie sich um. Welche Firma baut auf, strukturiert um, expandiert in neue Geschäftsfelder? In welcher Firma würden Sie gerne arbeiten? Wer kann Ihre speziellen Qualifikationen gut gebrauchen?

Erinnern Sie sich – an Informationen, an Menschen, die Ihnen einmal (vielleicht nur kurz) begegnet sind, und an Gerüchte, denen Sie normalerweise keinerlei Bedeutung zugemessen hätten. Hat Herr Meyer auf der Hannovermesse nicht angedeutet, dass XY plant, das Unternehmen AB zu verlassen? War es nicht die Assistentin, die von dem Wunsch Frau Müllers berichtete, bis 2003 ins Ausland zu gehen? …

Wenn es Ihnen schwerfällt, sich zu erinnern, sehen Sie Ihre gesammelten Visitenkarten durch. Und wenn Sie wirklich nichts und niemanden finden, dann versuchen Sie, sich an die Kontaktpersonen heranzutasten, die Ihnen helfen könnten, und gehen Sie auf Tuchfühlung mit jenen, die Menschen kennen, an die Sie herantreten möchten.

Ein Fallbeispiel: Thomas ist Redakteur und hat seinen Job verloren. Er erinnert sich an Anna, Fernsehmoderatorin, die er auf einer Pressereise getroffen hat. Hatte die nicht …? Er ruft sie an und erfährt, dass eine Freundin von Anna mit dem Redaktionsleiter einer Nachrichtenagentur verheiratet ist. Von ihm erfährt er, dass die Niederlassung in Berlin demnächst die Sportberichterstattung ausweiten möchte und dafür einen Redakteur sucht. Eine Anzeige wird für solche Positionen gar nicht erst geschaltet, weil meist zuvor schon ausreichend passende Bewerbungen eingehen. Bewerbungen wie die von Thomas, die er nach einem ersten Gespräch zur Kontaktaufnahme einsendet.

Noch mehr Tipps – so finden Sie Stellen auf dem verdeckten Jobmarkt

➔ **Schalten Sie Personalberater ein.**
Wenn der Headhunter Sie noch nicht gefunden hat, dann liegt das vielleicht einfach an der schlechten Präsentation Ihrer Kontaktdaten auf der Unternehmenswebsite oder der lückenhaften Präsentation im Internet, etwa bei Xing.com. Finden Sie ihn, und machen Sie ihn auf sich aufmerksam! Kleinere Agenturen vermitteln auch Fachleute, die »nur« zwischen 40.000 und 50.000 Euro verdienen; sie bieten zudem eine persönliche Atmosphäre.

➔ **Suchen Sie sich einen Experten.**
Für viele Berufsgruppen haben sich spezialisierte Personalberatungen etabliert, zum Beispiel solche, die nur Sekretariats- oder nur IT-Kräfte vermitteln – ein Riesenvorteil, da die Spezialisten den Markt meist besser kennen als »Allrounder«. Dazu empfiehlt sich die Recherche über eine Suchmaschine oder bei Xing.com.

➔ **Nutzen Sie jeden Kontakt.**
Auch den zu Friseur und Bäckersfrau. Vielleicht arbeitet deren Sohn ja bei OTTO. Oder dessen Freundin. Oder …

➔ **Informieren Sie sich in Branchenblättern über Unternehmen.**
Aha, Unternehmen A möchte jetzt wie der Wettbewerber (bei dem Sie arbeiten) auch in dieses Segment vorstoßen. Unternehmen B besinnt sich auf seine Kernkompetenzen und könnte deshalb bald Spezialisten gebrauchen – Spezialisten wie Sie. Lesen Sie zwischen den Zeilen: Welcher Personalbedarf könnte aufgrund dieser oder jener Nachricht durch Neuausrichtung, Akquisition oder Umstrukturierung entstehen?

➔ **Informieren Sie sich in Branchenblättern über Personen.**
In Branchenmagazinen, etwa im *Kontakter* für die Medienbranche *(www.kontakter.de)*, in der *FVW* für die Tourismusbranche *(www.fvw.de)*, im *Autohaus* für die Autohausszene *(www.autohaus.de)*, in der *Lebensmittelzeitung (www.lebensmittelzeitung.de)*, in der *Textilwirtschaft (www.textilwirtschaft.de)* oder im *Deutschen Drucker (www.deutscherdrucker.de)* für die Druckindustrie sind Bancheninformationen und sehr häufig Führungskräfte mit Namen abgebildet. Einige Adressen von solchen Fachblättern finden Sie zum Beispiel über *www.fachzeitschrift.com*. Ein Wechsel an der Spitze zieht nicht selten auch einen Umschwung in der Unternehmenskultur nach sich. Das heißt: Ein Traditionsunternehmen erfährt so vielleicht jenen frischen Wind, der Ihnen Türen öffnet, die sonst verschlossen bleiben würden.

➔ **Informieren Sie sich auf Webseiten.**
»Demnächst an dieser Stelle mehr« oder »wir arbeiten daran« – leere Bereiche auf Webseiten können darauf hindeuten, dass etwas gerade neu entsteht – oder auch erst in Zukunft neu entstehen soll. Arbeitet das Unternehmen für Presse und/oder Marketing mit einer Agentur zusammen? Gibt es anscheinend noch keinen Personalreferenten, weil in Jobanzeigen auf die Fachabteilung verwiesen wird? Vielleicht ist das Ihre Chance, Ihr Anknüpfungspunkt für ein Gespräch.

➔ **Besuchen Sie Messen.**
Es kostet einige Überwindung, nicht nur von Stand zu Stand zu irren und verschämt mit den Füßen zu scharren, sondern auch mal einzutreten und auf einem Gespräch mit dem Verantwortlichen zu beharren – aber es lohnt sich. Auch um weitere Informationen über die Firma zu sammeln, falls jener gerade nicht anwesend sein sollte.

➔ **Seien Sie kreativ.**
Welche Maßnahmen sich sonst noch empfehlen, das hängt nicht zuletzt auch von Ihren Zielen und der jeweiligen Firma ab. Interessiert Sie, wie die Support-Abteilung strukturiert ist? Dann rufen Sie doch einfach dort an und beginnen Sie ein Gespräch, indem Sie sich als Kunde ausgeben.

Jobspionage – finden Sie heraus, wie ein Unternehmen tickt

Ein Fallbeispiel: Bei Witte muss alles seine Ordnung haben. Er druckt E-Mails aus, heftet sie ab und möchte jeden Schritt vom Chef vorgegeben wissen – was er macht, macht er vorbildlich. Pünktlich um halb eins verabschiedet er sich in die Mittagspause und um halb fünf kommt er zügig zum Schluss.

Büronachbar Vollert ist völlig anders: ein kreatives Fast-Genie, das E-Mails nur jedes halbe Jahr mal in einer Nacht-und-Nebel-Aktion löscht, oft ganz auf die Mittagspause verzichtet und ständig mit neuen Ideen glänzt, die er eigenverantwortlich realisiert. Auch Vollert macht seine Arbeit gut, nur auf eine ganz andere Art und Weise. Beide akzeptieren sich nach einer anfänglichen Reibungsphase, schütteln aber über den jeweils anderen den Kopf.

Jeder Mensch hat eine unverwechselbare Persönlichkeit, die laut dem Hamburger Psychologie-Professor Friedemann Schulz von Thun entweder durch »Wechsel«, »Dauer«, »Nähe« oder »Distanz« geprägt ist, was im Beruf vor allem für die Gruppendynamik und die Teamentwicklung von Bedeutung ist.

Witte in unserem Fallbeispiel ist ein »Dauer«-Typ, Vollert ein »Wechsler«. Im Team reiben sich beide aneinander – werden die Energien ausgeglichen, ist diese Reibung positiv. Witte profitiert von der Kreativität Vollerts, Vollert vom Ordnungsdenken Wittes.

Ich wandle Schulz von Thuns Modell einmal ab und übertrage es auf die »Persönlichkeiten« von Unternehmen, wobei sich hier zunächst einmal zwei Typen herauskristallisieren. Zum einen gibt es Unternehmen mit »Dauer«-Persönlichkeit: traditionelle Firmen, zum Beispiel viele mittelständische GmbHs. Hier sind die Strukturen fest, die Ziele klar, ebenso wie die Arbeitsabläufe und die Beziehungen, etwa zu Wettbewerbern.

»Wechsel«-Unternehmen dagegen sind dynamisch, streben im Markt nach vorn, befinden sich vielleicht in einer Phase der Umstrukturierung, eventuell der Neuausrichtung nach einem Misserfolg oder einem Einbruch.

In ihrem Kommunikationsverhalten nach innen (die externe Kommunikation kann mitunter anderen Regeln folgen) können diese Firmen entweder von »Nähe« oder von »Distanz« geprägt sein. »Nähe« bedeutet, im Unternehmen herrscht eine familiäre, lockere Atmosphäre, in der viel Wert auf das Team und die Gemeinschaft gelegt wird.

»Distanz« bedeutet, es herrscht eine ausgeprägte Hierarchie. Die Abläufe sind geregelt und die Bereiche stark eingegrenzt, Teams sind zwar nach außen hin gefragt, doch letztlich wird es in solchen Firmen gern gesehen, wenn sich ein »Kopf« herausbildet.

Für Ihre Bewerbung ist es hilfreich, das Unternehmen, bei dem Sie sich bewerben, einer dieser Persönlichkeiten zuzuordnen. Ein »Wechsel-Nähe«-Unternehmen wird die gleiche Bewerbung anders aufnehmen als eine »Dauer-Distanz«-Firma. Beide werden auf unterschiedliche Signale ansprechen: Dem einen ist eine freundliche, direkte, offene und vielleicht sogar emotionale Art sympathisch, dem anderen eher suspekt – hier kommt es eher auf klar und schnörkellos dargelegte Fakten an.

Übrigens gibt es durchaus Fälle, in denen ein »Dauer«-Typ sich gut in ein »Wechsel«-Unternehmen einfügt, ja sogar einen positiven Ausgleich schafft. So entschied sich eine junge, chaotische Marketingfirma, in der die Projekte täglich verteilt und nach Laune angegangen wurden, bewusst für eine resolute Assistentin, die durchgreifend Ordnung in das Chaos brachte: »Wir fanden Lena alles andere als sympathisch, sie strahlte so etwas Dominantes aus. Aber ohne diesen Eingriff in die Struktur unserer Organisation hätten wir wirtschaftlich nicht überlebt. Inzwischen haben wir mehrfach Bewerber eingestellt, die uns eigentlich nicht grün waren, und sind positiv überrascht.« Grundsätzlich gilt jedoch: Bewerben Sie sich nur auf eine Art und Weise, mit der Sie sich identifizieren können. Und bedenken Sie, dass es gerade in einem großen Unternehmen einzelne Abteilungen geben kann, die anders ticken als der Gesamtkomplex.

Der gläserne Chef – so lernen Sie Ihren zukünftigen Boss kennen, ohne dass er das merkt

»Der Chef hat den nur eingestellt, weil er ihm am wenigsten widerspricht. Aber im Prinzip ist der eine Flasche«, schimpft Dietmar auf den neuen Verkaufsleiter. Und beschreibt damit ein häufiges Problem: Viele Unternehmer stellen nicht den Besten ein, sondern denjenigen, der ihnen selbst am ähnlichsten ist und/oder am wenigsten Arbeit bereitet.

Personalabteilungen sollen die Firmen daher vor allzu viel Willkür bei Einstellungen bewahren, doch erstens haben viele Unternehmen überhaupt keine eigene Personalabteilung, und zweitens: Auch hier sitzen Menschen. Vielleicht geht der Chef der Personalabteilung ja regelmäßig mit dem Fachabteilungsleiter Kaffee trinken?

Damit will ich sagen: Was in den meisten Absagebriefen steht, stimmt. Beziehen Sie eine Absage nicht auf Ihre eigenen Qualifikationen, denn meist spielen ganz andere Dinge bei der Einstellung eine Rolle. Um zu vermeiden, dass Sie sich bei einem Chef bewerben, bei dem Sie ohnehin keine Chance haben, können Sie jedoch einiges tun und dabei ganz nebenbei manches über den »Boss« erfahren, das Sie später nutzen können: für das Setzen von Akzenten und die Art ihrer Präsentation – in der Bewerbung, aber auch im Vorstellungsgespräch.

Tricks – der Rest bleibt Ihrer Kreativität überlassen ...

➔ Rufen Sie doch einmal anonym bei einem Mitarbeiter der von Ihnen auserkorenen Abteilung an, und geben Sie vor, eine Umfrage zu starten. Letzter Punkt auf der (bitte kurzen) Checkliste: »Wie würden Sie den Führungsstil Ihres Vorgesetzten einstufen: autoritär, demokratisch, locker ...?«

➔ Suchen Sie nach Spuren des zukünftigen Vorgesetzten im Internet. Hat er eine private Website, auf der er sich als Heavy-Metal-Fan oder Portugal-Liebhaber outet? Diskutiert er regelmäßig im Angler-Forum oder über Hertha BSC? Googeln Sie den potenziellen Chef!

➔ Was schreiben Branchenblätter über ihn? Lesen Sie alle einschlägigen Magazine, und nutzen Sie Archive im Internet.

➔ Wie präsentiert er sich auf Fotos? Lassen Sie die Bilder auf sich wirken. Einen Eindruck bekommen Sie bestimmt – etwa ob jemand offen wirkt oder eher zugeknöpft. Dieser Eindruck kann jedoch leider ziemlich täuschen. Viel besser wäre es, wenn Sie sich nach Büroschluss oder in der Mittagspause auf die Lauer legen und ihn aus sicherer Entfernung beobachten würden, sofern möglich.

Was sagt seine Vita aus? Der Mann war bis vor zwei Jahren bei einem Elektronikkonzern? Aha, also hat er sicher eine Vorliebe für kleine Technikspielereien. Er ist gar kein BWLer, sondern Soziologe? Wahrscheinlich beobachtet und analysiert er das Zusammenspiel seines Teams ganz genau.

Außer Konkurrenz – wie Sie mit Ihrer Initiativbewerbung die Gelegenheit zum großen Auftritt nutzen

Stellen Sie sich doch bitte einmal eine Theaterbühne vor: Ein guter Solodarsteller braucht auf der Bühne kein Kostüm und kein Make-up, um seine Rolle überzeugend zu spielen. In einer ganzen Schauspieltruppe muss der Einzelne schon ein bisschen mehr tun, um aufzufallen: entweder durch ein besonders extravagantes oder durch ein besonders schlichtes Auftreten.

Auf die Bewerbung übertragen bedeutet das: Nach jeder Inseratsschaltung türmen sich bei besonders beliebten Stellen die Mappen auf den Schreibtischen der Sachbearbeiter. Je »schöner« das Unternehmen, je mehr die Anzeige Generalisten anspricht, desto höher ist der Turm (oder die Dichte im E-Mail-Postfach).

Mit einer Initiativbewerbung ist Ihnen dagegen eine Soloeinlage garantiert: Alle Blicke sind auf Sie gerichtet, die ganze Aufmerksamkeit gehört Ihnen – zumindest in kleineren und mittleren Unternehmen. Dies gilt vor allem, wenn Sie einen ungewöhnlichen Weg beschreiten und sich beispielsweise mit einer Postkarte (siehe Seite 76) oder einem wirksamen Brief (Zielgruppenkurzbewerbung, siehe Seite 79.) vorstellen. Bei Konzernen haben Initiativbewerbungen von Generalisten meiner Erfahrung nach wenig Aussichten auf Erfolg. Hier müssen Sie schon eine spezielle Qualifikation, etwa ein Medizintechnik-Studium oder eine besondere Erfahrung (etwa die Einführung eines SAP-CRM-Systems) belegen können – andernfalls werden Sie mit ziemlicher Sicherheit den Satz hören: »Beobachten Sie doch unsere Stelleninserate, und bewerben Sie sich, wenn Sie etwas Passendes finden.«

Ein Soloauftritt bringt viele Vorteile mit sich: Sie befinden sich außer Konkurrenz, können sich im Idealfall auf ein zuvor stattgefundenes Gespräch berufen und finden so leichter den Einstieg in Ihr Anschreiben. Ihnen wird allgemein mehr Beachtung gezollt. Sie werden aber auch noch genauer unter die Lupe genommen als bei einer »normalen« Bewerbung.

Ihre Unterlagen sollten Sie deshalb genauso aufmerksam gestalten, als würden Sie sich auf ein Stelleninserat bewerben. Dabei können Sie mit optischen Elementen noch einen Tick sparsamer umgehen. Natürlich sollten Sie sich von potenziellen Konkurrenten abheben, doch aus einer Masse herausstechen und auffallen müssen Sie nicht unbedingt.

Mit Brief, Flyer oder Postkarte punkten

Je mehr Unternehmen für Sie infrage kommen, desto eher sollten Sie mit Ihren Unterlagen auffallen. Dabei ist es oft wesentlich erfolgreicher, nicht gleich eine Bewerbung zu schicken, sondern erst einmal eine Postkarte (siehe Seite 76), einen Flyer (siehe Seite 78) oder einen einseitigen Brief. Gleich wofür Sie sich entscheiden, Ihre »Werbung« sollte so gestaltet sein, dass sie Aufmerksamkeit erweckt.

Zudem sollte sie Raum zum Nachfassen bieten. Kündigen Sie im Brief an, dass Sie sich melden werden – so werden Sie sicher nicht so schnell beiseite gelegt werden! Sie erzielen zudem mehr »Kontakte« mit Ihrem Wunschunternehmen und erhöhen die Wahrscheinlichkeit, positiv wahrgenommen zu werden. Bitte beachten Sie: Postkarten- oder Briefaktionen sind keine einmaligen Aktionen, sondern Teile einer Strategie, zu der ein Nachfassen immer gehört!

Postkarten und Flyer passen übrigens gut zu Bewerbern, die generalistisch aufgestellt sind und viel anzubieten haben. Ein einseitiger Brief, auch Zielgruppenkurzbewerbung genannt, empfiehlt sich immer dann, wenn Sie spezielle Kenntnisse in einer Branche erworben haben und deshalb sehr interessant selbst auf Geschäftsführungsebene sind.

Viel zu tun?

... zu viel?

Beispiel: Postkarte – Vorderseite

... das muss nicht sein!

Kompetente Sekretärin und Allroundtalent macht Ihnen das Büroleben leichter.

Ich kann:
- ✓ Organisieren
- ✓ Telefonieren
- ✓ 10-Finger-Tippsystem
- ✓ SAP/R3
- ✓ MS-Office
- ✓ Englisch
- ✓ Spanisch

Ich bin:
- ✓ Groß- und Außenhandelskauffrau

Karla Schreibtisch | Filzgasse 25 | 12345 Hamburg | Tel.: 040 010101

Beispiel: Postkarte – Rückseite

Beispiel: Postkarte – Vorderseite

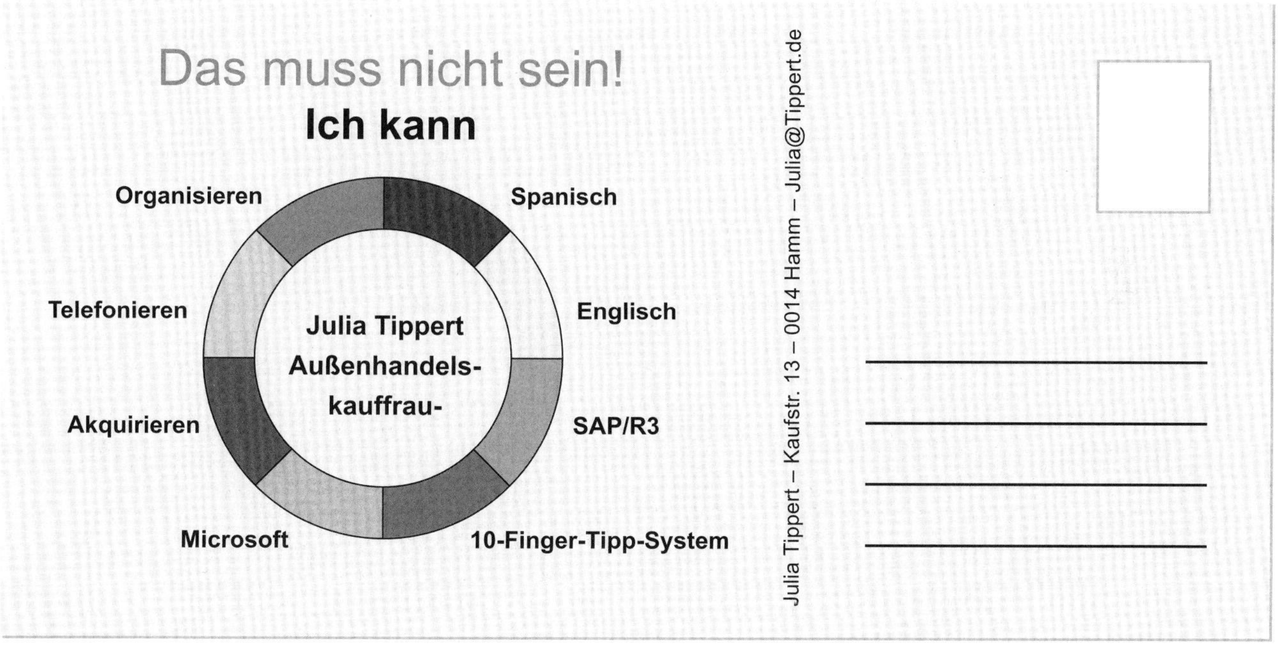

Beispiel: Postkarte – Rückseite

Was Sie noch über mich wissen sollten:

Ich liebe es, zu arbeiten und mich zu engagieren! Ich bin flexibel, offen für Neues und besitze eine hohe Lernbereitschaft.

Meine Arbeitsweise ist strukturiert, geprägt von der Fähigkeit, Prioritäten zu setzen. Ich bin neugierig, offen und gehe auf Menschen zu.

Diese Vertragsgestaltung passt zu mir:

- Teilzeit bis 30 Stunden/Woche,
- unbefristet,
- im Köln/Bonner-Raum,
- Bezahlung nach Vereinbarung.

Rufen Sie mich an und vereinbaren Sie einen Gesprächstermin!

Charlotte Weber
Beispielstraße 89
52233 Köln

Tel.: 0111 21113133
Mobil: 0176 21233444

E-Mail: charlotte-weber@web.de

P.S.
Wenn Sie eine Mitarbeiterin suchen, die sich mit ihrer Arbeit identifiziert, bin ich die Richtige für Sie!

Sehr geehrte Damen und Herren,

haben Sie ein paar Minuten Zeit für mich?

Ich möchte mich Ihnen gerne vorstellen!

… und meine breiten Kenntnisse aus langjähriger Berufserfahrung für Ihr Unternehmen einbringen:

- Personalarbeit,
- Projektarbeit,
- Anzeigenverwaltung und -verkauf,
- Konzipieren und Durchführen von Schulungen,
- Dokumentation,
- Assistenztätigkeit,
- Sachbearbeitung,
- Office.

So kann ich Ihnen helfen:

- als serviceorientierte und kompetente Kundenbetreuerin
- als kommunikationsstarke Mitarbeiterin im Bereich Recruitment
- als kontaktfreudige, vertriebsstarke Anzeigenverkäuferin
- als engagiertes Projektmitglied oder teamfähige Projektassistentin

Charlotte Weber
vielseitige Generalistin

Kurzvita

Geboren am 30. Oktober in Köln. Zwei Kinder.

Studium der Rechtswissenschaften in Bonn. Erstes juristisches Staatsexamen.

Langjährige Berufserfahrung aus verschiedenen Abteilungen eines wissenschaftlichen Fachverlages.

Weitere Erfahrungen als Personalberaterin, Anzeigenverkäuferin und Dozentin.

Sprachkenntnisse: Deutsch, Englisch und Französich.

Beispiel: Flyer für Zickzackfalz

Falzschema

HELMUT HERCEGOVA

Ruski Jazy 34
65432 Frankfurt
Mobil: 0160 7888484

Perfekt AG
Vorstand
Hans Meiser
– persönlich –
Irgendwo
22444 Nirgendwo

23.09.2008

Erfolgreicher Vertriebsdirektor steigert Ihren Umsatz und erhöht Ihre Marktanteile

Sehr geehrter Herr Meiser,

ich möchte mich Ihnen kurz vorstellen:

Derzeitige Position:	Sales Director
Ausbildung:	MBA
Angestrebte Position:	Verantwortungsvolle Position im Vertrieb Europa
Spezielle Erfahrung:	Ost-, aber auch West- und Zentraleuropa
Branchenerfahrung:	Hardware, Consumer Electronics
Persönliches Merkmal:	Beste Kontakte europaweit, überzeugungsstark und präsentationssicher
Umsatzvolumen:	Bis 200 Millionen Euro

In Ihrem Markt habe ich nachweislich sehr viele Dinge bewegt, auf denen sich weiter aufbauen lässt. Darüber würde ich mich sehr gerne mit Ihnen persönlich unterhalten.

Bis dahin nur so viel: In meiner Eigenschaft als Sales Director habe ich für das Unternehmen West GmbH bis 2000 fast ganz Europa – darunter auch zahlreiche osteuropäische Länder wie Russland und Polen – erschlossen. Für ABC Europe – OEM-Supplier – habe ich ab 2000 den Vertrieb in zahlreichen europäischen Ländern, darunter Spanien, UK, Irland, aber auch Länder in Osteuropa, komplett neu aufgebaut.

Während meiner mehr als zehnjährigen Vertriebstätigkeit in Europa konnte ich zahlreiche Kontakte auf oft hoher und höchster Ebene aufbauen. In der Firma West GmbH war es wesentlich mein Anteil, dass der Umsatz auf zuletzt 200 Millionen Euro gesteigert werden konnte.

Aufgrund meiner russischen Herkunft eigne ich mich natürlich auch besonders dafür, den potenzialreichen osteuropäischen Markt zu erschließen und auszubauen. Aber auch mit dem übrigen Europa bin ich bestens vertraut und dank meiner mehrsprachigen Versiertheit überall sehr gut einsetzbar. Ich bin absolut präsentationssicher und verhandlungsstark. Den Markt für Monitore und Hardware kenne ich wie kein Zweiter.

Aufgrund eines Vorstands- und Strategiewechsels wird sich mein Unternehmen künftig auf andere Bereiche konzentrieren. Vom Abbau der letzten Monate bin ich nicht betroffen, wünsche mir aber trotzdem die Chance, auf meinen bisherigen Erfahrungen aufzubauen und das vorhandene Potenzial auf dem Markt für Monitore nutzen zu können.

Ich freue mich auf ein unverbindliches Gespräch zum gegenseitigen Kennenlernen.

Mit freundlichen Grüßen

Helmut Hercegova

Beispiel: Zielgruppenbewerbung

Die Zielgruppenkurzbewerbung

Die Zielgruppenkurzbewerbung (ZBK) heißt so, weil sie sich kurz und prägnant an eine spezielle Gruppe von Arbeitgebern wendet – nämlich diejenige, für die Sie als potenzieller Arbeitnehmer besonders interessant sind. Vielleicht weil Sie spezielle Branchenerfahrung besitzen, nur Sie einen bestimmten Markt kennen oder eine besondere Sprache sprechen. Die ZBK eignet sich aber auch für alle Bewerber, die in kleineren Unternehmen, Handwerksbetrieben oder Praxen arbeiten – wie Gabriele Sauerteig.

So gehen Sie vor, um eine ZBK zu erstellen:

- ➔ Fragen Sie sich, welche Unternehmen Ihr Profil besonders interessant finden, weil Sie eine spezielle Erfahrung oder Kenntnisse von Prozessen haben.
- ➔ Entscheiden Sie, welche Person in diesem Unternehmen die ZKB empfangen sollte. Bei kleineren Betrieben und Praxen ist es in der Regel der Chef – empfehlenswert ist natürliche eine persönliche Ansprache. Bei größeren Unternehmen sollten Sie den Abteilungsleiter oder Personalverantwortlichen ansprechen.
- ➔ Formulieren Sie einen knappen Brief, der die wichtigsten Informationen über Sie auf den Punkt bringt.
- ➔ Versenden Sie den Brief in einem normalen Briefumschlag - evtl. mit dem Hinweis »persönlich«.
- ➔ Fassen Sie unbedingt telefonisch nach - idealerweise nach einer bis zwei Wochen.

Ein weiteres Fallbeispiel: Gabriele Sauerteig

Ein weiteres Fallbeispiel: Gabriele Sauerteig war lange Jahre bei einem Arzt in Düsseldorf beschäftigt, bevor sie nach Bochum zog, um ihrem Mann, einem Außendienstmitarbeiter, zu seinem neuen Arbeitgeber zu folgen. Ihren jetzigen Job fand sie über eine Initiativbewerbung. Dabei suchte sie sich die Telefonnummern aller Kinderärzte in der Umgebung heraus und rief diese reihum an. Fast jeder Arzt bekundete sein Interesse an Ihren Unterlagen.

Die Bewerbung gestaltete Gabriele mit zwei Legosteinen als Blickfängern. Im Anschreiben erzählte sie ihre Geschichte aus einer sehr persönlichen Sichtweise. Zudem kokettierte sie bewusst mit ihrem Alter, stellte aber auf der anderen Seite ihre Erfahrung mit und ihre Liebe zu Kindern deutlich heraus. Eine Strategie, die hier erfolgreich war, sich aber wirklich nur für die Bewerbung in kleinen Firmen und auch nur dann empfiehlt, wenn dieses persönliche Auftreten in sich stimmig ist und nicht aufgesetzt wirkt.

Gabriele Sauerteig
Arzneistraße 65
44803 Bochum

Kinderarztpraxis
Dr. Müller-Fola
Hermannsweg 13
44789 Bochum

2. März 2008

Sehr geehrte Frau Müller-Fola,

mit Kindern zu spielen und zu arbeiten ist das Schönste, was ich mir vorstellen kann.

Mehr als dreißig Jahre arbeite ich – gelernte Kinderkrankenschwester und Mutter von zwei Söhnen – nun schon mit den Kleinen zusammen. Dabei habe ich viele gesund und auch sehr viele groß werden sehen: die letzten zwanzig Jahre in der Arztpraxis von Dr. Inge Le Bohs in Düsseldorf.

Gerne wäre ich dort geblieben. Doch vor zwei Monaten wurde mein Mann, Pharmareferent, nach Bochum versetzt. Jetzt suche ich nach einer „Frau Dr. Le Bohs" in Bochum: nach einer freundlichen Kinderarztpraxis, die ihr Team gerne mit einer „reiferen" Dame bereichert, die aber mit ihren 50 Jahren noch weit entfernt von Oma-Sein und Rentenalter ist.

Meine Zeugnisse bringe ich Ihnen gerne zu einem persönlichen Gespräch mit. Frau Dr. Le Bohs können Sie unter der Telefonnummer 0211-123456789 zu den üblichen Sprechzeiten erreichen. Sie ist jederzeit bereit, Auskunft über mich und meine Arbeit zu geben.

Freundliche Grüße

Beispiel: Zielgruppenbewerbung. Das Anschreiben von Gabriele Sauerteig »spielt« oberhalb der Anrede mit zwei Legosteinen als Sinnbild für die Spielfreude der behandelten Kinder und ihre eigene Freude am Umgang mit ihnen. Der Text ist stilistisch sehr persönlich gehalten und betont die große Praxiserfahrung der Bewerberin, kokettiert darüber hinaus auch ein bisschen mit ihrem Alter.

Wie Sie Ihre Unterlagen persönlicher gestalten

»So kreativ bin ich nicht! Ich kann einfach nicht so gut mit Word umgehen! Nein, da fällt mir wirklich nichts ein!« Viele Bewerber sind unsicher, wenn es darum geht, selbst aktiv und kreativ zu werden. Dabei braucht es wirklich nicht viel, um optische und inhaltliche Akzente zu setzen, die Ihren Unterlagen den entscheidenden Schliff geben.

Aufmerksamkeitsbringer Deckblatt

Sind Sie schon einmal in der Fußgängerzone von Mitarbeitern eines Marktforschungsinstituts angesprochen worden und haben – gegen eine Flasche Sekt, Shampoo oder Pralinen – bei einer Umfrage mitgewirkt? Manchmal sollen Sie sich dabei Zeitungen und Magazine oder Fernsehwerbungen anschauen und hinterher ankreuzen, an was Sie sich erinnern können.

Oft ist es schwer zu sagen, warum sich ein Bild oder eine bestimmte Textaussage eingeprägt hat und das/die andere nicht – vor allem, wenn alles »so schön bunt ist« wie in der Werbung und sich die Reize durch den ständigen Versuch, einander zu übertrumpfen, letztendlich gegenseitig ausschalten. Der Effekt lässt sich mit einem altbekannten Sprichwort gut umschreiben: Sie sehen den Wald vor lauter Bäumen nicht mehr.

In der Be-Werbung geht es nicht immer so schön bunt zu. Trotzdem ist der Effekt hier ähnlich: Wer tagaus, tagein Bewerbungen begutachtet, braucht besondere Reize, um den einzigen Laubbaum zwischen den Tannen zu erkennen.

Da nun also der erste Eindruck entscheidend ist, wie zahlreiche Untersuchungen belegt haben, muss dieser erste Eindruck möglichst reizvoll sein. Sei es die Mappe, ein mögliches Deckblatt oder das Anschreiben: Das, was der Personaler zuerst sieht, muss ihn »wecken«.

Wenige Sekunden nur, und Sie haben gewonnen oder verloren. Dass Fettflecken und alles, was nach Nachlässigkeit riecht und aussieht, deshalb tabu ist, versteht sich fast von selbst. Sie können zum Beispiel durch Perfektionismus und Schlichtheit punkten, aber auch durch ein grafisches Element, verbunden mit prägnanten Aussagen.

Ein Deckblatt gehört nicht unbedingt zu einer Bewerbung, aber es kann dazu dienen, Aufmerksamkeit zu wecken – eine andere Form von Aufmerksamkeit als ein Anschreiben. Mit allen Vorteilen: schnell auf den Punkt kommend, sofort ein Bild nahebringend oder auslösend. Und mit allen Nachteilen: ohne die Chance weiterer Erläuterungen im nächsten Satz. Auf den nächsten Seiten stelle ich Ihnen als Anschauungsmaterial verschiedene Deckblattvarianten vor.

Bilanzbuchhalter
+ berufserfahren
+ englisch sprechend
+ SAP/R3-fähig
+ sympathisch

= Ihr neuer Mitarbeiter?

Sachlich, schnörkellos und dennoch auffällig: Der Bilanzbuchhalter setzt wie im Job auch in seiner Bewerbung ganz auf Zahlen und Fakten – und das schwarz auf weiß. Das »sympathisch« spricht Firmen an, in denen eine familiäre Stimmung vorherrscht.

Ausruhen kann ich mich nun wirklich zu Hause.

Bei Ihnen möchte ich zupacken.

Ein großes Möbelhaus war begeistert von den Computerillustrationen, die wie handgemalt und hingetupft aussehen. Das visuelle Deckblatt ist schön für Bewerbungen im kreativen Bereich, aber durchaus auch in Ordnung für Menschen, die in die Bereiche Marketing und Verkauf streben. Natürlich muss das Bild zum Unternehmen passen, ebenso wie Motive und Text harmonieren müssen.

»Ich wünsche mir einen Arbeitgeber, der mir die Möglichkeit bietet, meine Kenntnisse und Fähigkeiten zum beiderseitigen Nutzen zu entfalten und zu entwickeln. Deswegen bewerbe ich mich nicht bei irgendeinem Unternehmen, sondern bei Ihnen.«

Leander Forsthoff

Diese textorientierte Variante lässt das Wort wirken. Die Anführungszeichen betonen die Aussage und geben der Seite einen edlen und seriösen Anstrich. So ein Deckblatt passt zu (künftigen) Managern und allen, die eine starke, »sprechende« Persönlichkeit haben müssen. Fehl am Platz wäre dieser Auftritt dagegen in handwerklichen Berufen, da die Betonung des eigenen Wortes wie »Sprücheklopfen« wirken könnte. Eine etwas bescheidener wirkende Alternative könnte etwa das – zu einem bestimmten Beruf, einem Unternehmen oder einer Bewerbungssituation – passende Wort eines großen Dichters und Denkers sein.

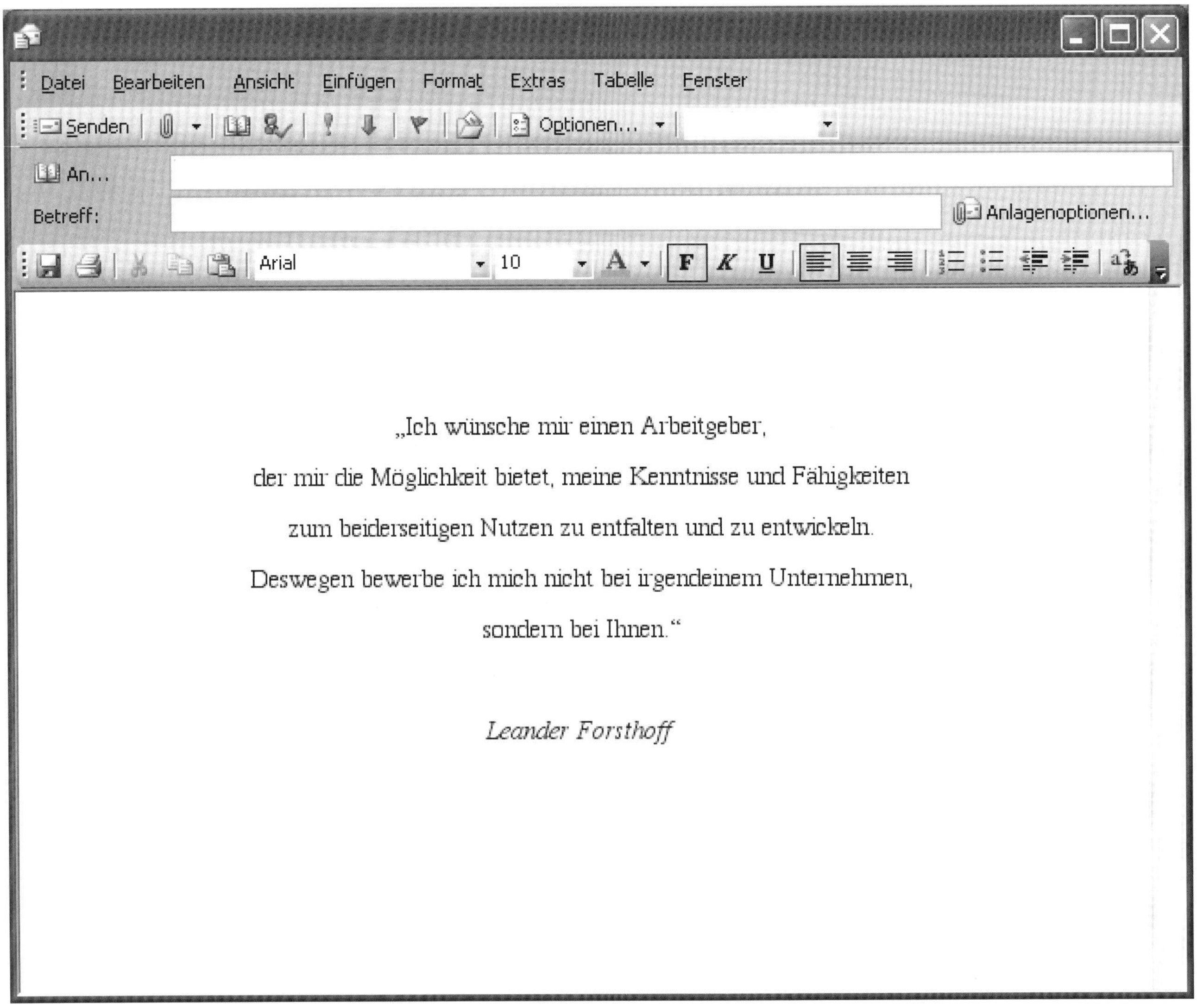

Natürlich lassen sich alle Deckblatt-Varianten auch auf die E-Mail-Bewerbung übertragen.

➔ Das Deckblatt besitzt eine ähnliche Funktion wie das Cover eines Buches, das »kauf mich« aussagt (oder »kauf mich nicht«). Es etabliert oder illustriert Ihre wichtigste Aussage und regt zum Weiterlesen an. Deshalb darf es auch nicht in die Irre führen oder falsche Erwartungen wecken. Wenn Sie ein Deckblatt gestalten, muss dieses zu Ihrer kompletten Bewerbung passen – inhaltlich und optisch. Lassen Sie unbedingt eine einheitliche Linie erkennen!

➔ Das Deckblatt kann bereits Teile Ihres Lebenslaufes transportieren – am besten die, die besonders interessant sind.

MAGNUS
MICHAELS

Beispielweg 1111
911212 Erfstadt
Tel. 0162 2311333
Magnus.Michaels@michaels.it

*18. Mai 1972 in Erlangen

BERUFSPRAXIS

Seit März 2006

Senior-Consultant SAP/R3 FI/CO
bei einer renommierten IT-Unternehmensberatung, Erftstadt

Tätigkeitsbeschreibung

- Leitung verschiedener Kundenprojekte im Bereich Finanzen und Controlling
- Team >12 Mitarbeiter, internationale Prägung

Seite-drei-Varianten, die es in sich haben

Die Seite drei ist die wichtigste Seite in jeder Tageszeitung: Hier spielt sich die große Politik ab, hier kommen wichtige Kommentatoren zu Wort. Die Seite drei in Bewerbungen ist eine Erfindung des bekannten Eichborn-Autorenteams Hesse/Schrader und kann eine ganz ähnliche Funktion übernehmen. Allerdings halte ich wenig von »was Sie sonst noch über mich wissen sollten«. Hier werden oft Aussagen hineingepackt, die im Anschreiben wesentlich besser aufgehoben sind. Besser ist, wenn der Seite drei eine zusätzliche Funktion zukommt, wenn Sie beispielsweise ein Zitat enthält, eine Frage transportiert – oder aber die wichtigsten Aussagen aus dem Lebenslauf zusammenfasst (wie das Fallbeispiel auf Seite 83).

Die Seite drei kann durchaus auch die Funktion eines Deckblattes übernehmen; oder das Deckblatt die Funktion der Seite drei – dann nämlich, wenn es gleichermaßen schmückende wie informative Funktion hat.

Eine Gestaltungsmöglichkeit – das Deckblatt des Bilanzbuchhalters – habe ich Ihnen bereits auf Seite 83 vorgestellt. Der Bilanzbuchhalter listet hier seine Vorteile übersichtlich auf. Eine zusätzliche Seite drei wäre in diesem Fall nicht nötig – es sei denn, diese würde eine gänzlich andere Funktion übernehmen und beide Seiten würden sich gegenseitig ergänzen, ohne dass die Bewerbungsmappe dadurch zu sehr aufgebläht würde.

Eine sinnvolle dritte Seite könnte etwa das Profil eines IT-Spezialisten sein, der sich sein eigenes Zeugnis ausstellt (siehe Seite 89). Wichtig ist, dass Sie Ihre Fähigkeiten wirklichkeitsnah einschätzen und auch einmal ein »ausreichend« oder »befriedigend« vergeben. Oder eine Seite mit Referenzen – Namen von Personen, die ein gutes Zeugnis von Ihnen ablegen würden und deren E-Mail-Adressen und/oder Telefonnummern Sie aufführen (siehe Seite 114). Auch hier gilt wieder: Stimmen Sie Ihre Idee individuell auf das Unternehmen und Ihren Berufszweig ab.

IT-Kenntnisse und Erfahrungen

Anforderungsanalyse + Design

▪ Geschäftsprozessmodellierung	sehr umfangreiche Erfahrungen
▪ Datenmodellierung mit ARIS, UML	sehr umfangreiche Erfahrungen

Administration + Fehlersuche

▪ ChangeRequests	sehr umfangreiche Erfahrungen
▪ SAPscript/Smartforms	sehr umfangreiche Erfahrungen
▪ Repods	sehr umfangreiche Erfahrungen
▪ User-Exits	sehr umfangreiche Erfahrungen
▪ Call-Transaction	sehr umfangreiche Erfahrungen
▪ Direct-Input	sehr umfangreiche Erfahrungen
▪ Batch-Input, BAPI/RFC, ALE/IDoc	sehr umfangreiche Erfahrungen
▪ BDT (Business Data Toolset)	sehr umfangreiche Erfahrungen
▪ LSMW (Legacy System Migration Workbench)	sehr umfangreiche Erfahrungen

Applikationstuning

▪ Geschäftsprozessmodellierung	sehr professionelle Kenntnisse
▪ Performanceanalysen	sehr professionelle Kenntnisse
▪ performanceoptimiertes Design	sehr professionelle Kenntnisse
▪ performanceoptimierte Implementierungen	sehr professionelle Kenntnisse
▪ Verarbeitung bes. großer Datenmengen	sehr professionelle Kenntnisse
▪ Datenmigration nach SAP R/3, z.B. R/2->R/3 Workbench, LSMWorkbench	sehr professionelle Kenntnisse, > 12 Jahre

Programmiersprachen

▪ ABAP4: inkl. ABAPOO	sehr professionelle Kenntnisse, > 12 Jahre
▪ Webdynpro	sehr professionelle Kenntnisse, > 12 Jahre
▪ C++	sehr professionelle Kenntnisse, laufend
▪ Java und Javascdpt	neu erworbene, tiefergehende Kenntnisse
▪ PL/SOL	sehr professionelle Kenntnisse
▪ Pascal	zuerst gelernte Sprache, Profi

Datenbanken

▪ mSQL/mySQL und Oracle	Erfahrungen

Das IT-Profil ist für Spezialisten überaus wertvoll und bei Personalleuten als Seite drei beliebt. Wichtig ist, dass Sie Ihre Fähigkeiten wirklichkeitsnah einschätzen und auch einmal ein »ausreichend« oder »befriedigend« vergeben.

Das Anschreiben: überraschen, fesseln und begeistern

Eine einfache, klare, schnörkellose Sprache ist Voraussetzung für erfolgreiche Kommunikation. Nur wenn Sie es schaffen, beim Gegenüber Gehör zu finden – anzukommen –, hat Ihre Bewerbung Erfolg. Deshalb verabschieden Sie sich schnell vom Beamten- und Juristendeutsch, selbst wenn die Anzeige sich in Floskeln verliert und Ihnen zu bedeuten scheint, dass die Firma klaren Ausdruck nicht wünscht. Niemand beweist großes Sprachvermögen, wenn er mit »elaboriertem Code« prunkt.

Eine Kunst ist es dagegen, sich einfach und verständlich auszudrücken. Wenn Sie es dann als i-Tüpfelchen noch schaffen, den Leser zu packen und mitzureißen, so machen Sie aus Sprache Ausdruck. Probieren Sie es aus! Sammeln Sie vor der Niederschrift Ihre Gedanken, und werden Sie sich klar darüber, was Sie sagen möchten. Und: Lassen Sie sich auf keinen Fall von denen beeinflussen, die meinen, je komplizierter und abstrakter Sie formulieren, desto besser und »akademischer« kämen Sie beim Gegenüber an.

- ➔ Schreiben Sie kurze und verständliche Sätze!
- ➔ Verzichten Sie auf Schachtelsätze mit vielen Kommata!
- ➔ Benutzen Sie möglichst wenige Fremdwörter!
- ➔ Setzen Sie Verben ein, wo immer es möglich ist, verzichten Sie dafür auf Substantive!
- ➔ Benutzen Sie konkrete Begriffe, keine Abstrakta!
- ➔ Packen Sie nie mehr als zwei Aussagen in einen Satz!
- ➔ Sagen Sie nie, was Sie nicht haben, sondern stets, was Sie haben!
- ➔ Erklären Sie Abschlüsse oder Ausbildungen, die nicht jeder kennt!
- ➔ Überraschen Sie den Leser!

Anschreibentyp	Wann sinnvoll?	Beispiel
Motivations-anschreiben	Wenn Sie sich bei einer »besonderen« Firma bewerben, als Absolvent, bei einem beruflichen Umstieg.	»Andere bewerben sich beim Marktführer. Ich vertraue in Sie, weil ich sicher bin, dass Sie Ihre Wettbewerber in den nächsten zwei Jahren hinter sich lassen werden.«
Erfolgsorientiertes Anschreiben	Im Vertrieb oder als Führungskraft	»Innerhalb von zwei Jahren ist es mir gelungen, den Marktanteil zu verdoppeln.«
Argumentatives Anschreiben	Wenn Sie argumentieren wollen, warum Sie als Bewerber passen, obwohl dies auf den ersten Blick vielleicht nicht so scheint.	»Schon in meiner Diplomarbeit habe ich mich mit Mode beschäftigt und das Erfolgsrezept der Marke ›Boss Orange‹ analysiert.«
Ehrliches Anschreiben	Wenn Sie aufhorchen lassen und sich abheben wollen.	»Ich möchte ehrlich sein: Erfahrungen in der PR bringe ich nicht mit, auch Kontakte – Fehlanzeige. Aber ich besitze eine umfangreiche Kenntnis der Medienlandschaft, kann Auflagen und Zielgruppen auswendig zitieren. Dazu besitze ich eine unbändige Lust und Power, mich einzuarbeiten.«
Sympathisches Anschreiben	Wenn Sie mit Sympathie punkten können – weil Sie sympathisch sind und vom Ansprechpartner vermuten, dass dies ein wesentlicher Pluspunkt sein könnte.	»Gestern habe ich ein Interview mit Ihnen gelesen und war spontan begeistert. Sie schreiben, dass bei Ihnen der Mensch und seine Persönlichkeit im Vordergrund stehen. Sie sagen, dass Sie alles daransetzen, dass Ihre Mitarbeiter ihre idealen Arbeitszeiten finden. Und dass Sie – selbst Vater von drei Kindern – Müttern und Vätern den maximalen Raum geben, um Beruf und Familie zu vereinbaren.«

Ein Appetitmacher-Satz zum Einstieg

Gerade der erste Satz muss »sitzen« – und alle Empfänger sollten sich davon direkt angesprochen fühlen: der Personalberater, der gegebenenfalls die Vorauswahl trifft, der Personalchef und der Fachverantwortliche. Ihr erster Satz muss deshalb anders sein als die ersten Sätze Ihrer Mitbewerber.

Der Inhalt des »Appetitmacher-Satzes« ist variabel: Vielleicht beziehen Sie sich auf Ihre fachlichen oder persönlichen Qualifikationen, vielleicht auf das Unternehmen, auf dessen Werbung oder unternehmerisches Ziel – aber bitte niemals auf »Ihre Anzeige im Stellenmarkt Monster vom 15.7.2008«. Der erste Satz vermag eventuell den Aufbau der Bewerbung zu erklären, er kann zudem – wie manche Werbeanzeige – zunächst auf Sachlich-Fachliches verzichten. Dann ist sein Ziel, den Empfänger neugierig zu machen und zum Weiterlesen zu motivieren.

Manche erste Sätze fallen nach Lektüre der Anzeige sehr leicht, an anderen zerbrechen Sie sich vielleicht den Kopf. Fragen Sie sich dann:

- ➔ Was interessiert den Leser am meisten?
- ➔ Was ist an Ihrem Profil am spannendsten?
- ➔ Was war Ihr erster Gedanke nach Lektüre der Anzeige? Beispiel: Haben Sie gedacht: »Das passt ja hundertzwanzigprozentig«, steigen Sie genau so ein (»Nach dem Lesen Ihrer Anzeige dachte ich: das passt ja hundertzwanzigprozentig zu meinem Profil«).
- ➔ Lässt sich eine Bezug über die Region (norddeutsche Kühle, rheinisches Temperament), über den Dialekt, über ein Zitat herstellen? Denken Sie quer!
- ➔ Können Sie vielleicht mit einer Frage beginnen? Besonders spannend (für den Leser) sind übrigens unbeantwortete Fragen. Eine gute Frage trägt bis zum Vorstellungsgespräch (»Was meinten Sie eigentlich, als Sie schrieben …?«)

Achtung: kein Scherz

Ein Kollege erzählt einen Witz, zwei andere lachen lauthals, drei räuspern sich, einer schweigt betreten. Wer hat den Witz verstanden? Die beiden Lacher? Nicht unbedingt – schlimmstenfalls auch sie nicht: Es könnten auch Höflichkeitslacher sein. Vielleicht gackern sie bloß, weil der Witzeerzähler eine ranghohe Persönlichkeit im Unternehmen ist.

Viele Kreativbewerber vergessen leider, dass Witze erzählen schon schwer genug ist – sie zu schreiben ist eine Kunst, die man einigen begnadeten Autoren überlassen sollte. Witze kommen nur gut an, wenn sie verschiedene Kommunikationsebenen ansprechen – wenn zum Beispiel Text mit Zeichnung zusammenspielt.

»Witzige Bewerbungen« bergen die Gefahr in sich, beim Empfänger falsch anzukommen. Deshalb ist ein Witz bestenfalls in der Kreativbranche passend – sonst hat er im Anschreiben nichts zu suchen.

Übrigens ebenso wenig wie Ironie, die selbst geniale Schreiber nicht jedem verständlich vermitteln können. Also: Finger weg. Und kommen Sie bloß nicht auf die Idee, in einer Bewerbungs-E-Mail mit Smileys und Emoticons zu operieren, wie es (leider) viele internet- und chatbegeisterte Bewerber tun!

Wählen Sie die passende Anrede und Grußformel

Die deutsche Sprache lässt nicht viel Raum bei der Wahl der Empfängeranrede. Standard ist immer noch »Sehr geehrte/r …«. Doch es gibt Ausnahmen, die ein »Hallo, Frau …«, »Guten Tag, Herr …« oder sogar ein persönliches »Liebe Frau …« rechtfertigen. Ein Personalchef, der seine Mitarbeiter per »Du« sucht, muss nicht – und sollte im Sinne des Bewerbungserfolges wohl auch besser nicht – mit »Sehr geehrter …« angesprochen werden.

Klar ist natürlich, dass die abschließende Grußformel des Anschreibens zur gewählten Ansprache passen sollte. Hier einige Varianten für mögliche Kombinationen:

Ansprache und passende Grußformel

- ➔ Sehr geehrte/r … Freundliche Grüße / Mit freundlichen Grüßen/besten Grüßen
- ➔ Liebe/r … Herzlichen Gruß / Herzliche Grüße / Freundlichen Gruß / Freundliche Grüße / Besten Gruß / Beste Grüße / Schönen Gruß / Schöne Grüße
- ➔ Hallo … Herzlichen Gruß / Herzliche Grüße / Freundlichen Gruß / Freundliche Grüße / Lieben Gruß / Liebe Grüße / Besten Gruß / Beste Grüße / Schönen Gruß / Schöne Grüße

Der Fließtext – wenig sagen, viel zum Ausdruck bringen

Wiederholen Sie im Anschreiben nicht einfach Ihren Lebenslauf. Das wirkt langweilig und einfallslos. Verabschieden Sie sich auch von der Vorstellung, alles sagen zu wollen. Darum geht es nicht, sondern darum, das Wichtigste zum Ausdruck zu bringen. Denn »sagen« und »zum Ausdruck bringen« sind ebenfalls zwei verschiedene Paar Schuhe. Politiker beispielsweise sagen viel und bringen wenig zum Ausdruck. Im Anschreiben sollten Sie wenig sagen und viel zum Ausdruck bringen!

Sprachlicher Feinschliff

Überarbeiten Sie Ihren Text am Ende, und merzen Sie alles Unnatürliche und Komplizierte aus. Lassen Sie das Anschreiben dazu am besten auch noch einmal 24 Stunden liegen – mit etwas Abstand sehen Sie plötzlich Fehler sowie Sätze, die anders formuliert viel schöner klingen.

Zu kompliziert –	**Klar und einfach +**
Für Ihr Unternehmen habe ich großes Interesse.	Ich interessiere mich für die Stelle.
Aufgrund meiner Ausbildung und meines bisherigen Lebenslaufs bin ich der Meinung, dass ich der Stelle gerecht werden könnte.	Meine Ausbildung und meine Erfahrung entsprechen Ihren Anforderungen.
Wie mit Ihnen bereits am Telefon besprochen, geht es mir um einen beruflichen Neuanfang.	Telefonisch berichtete ich Ihnen von meinem beruflichen Veränderungswunsch.
Ich zeichne mich aus durch Dynamik und Teamfähigkeit.	Kollegen loben mich als teamfähig und schätzen mich als sehr dynamisch ein.
Engagement bringe ich über das übliche Maß hinaus mit.	Ich engagiere mich und arbeite gern, auch mal am Wochenende.
Ich sehe meine Stärken in meiner Kommunikationsfähigkeit.	Ich bin ausgesprochen kommunikativ.
Stressresistenz gehört zu meinen wichtigsten Eigenschaften.	Stress prallt an mir ab.

Claudia Bildermann

Hamburger Weg 193 | 29988 Hamburg | mobil 0123 123 45 67 | claudia@claudia.de

Wirtschaftszeitschrift GmbH
Herr Müller
Nirgendwostraße 83
09876 Überall

Hamburg, 10. August 2008

Initiativbewerbung als Chefin vom Dienst in Teilzeit

Sehr geehrter Herr Müller,

von Ihrem Mitarbeiter Herrn Krüger habe ich erfahren, dass bei Ihnen demnächst eine neue halbe Stelle als CvD geschaffen wird.

Nach einem Abstecher in die Public Relations wünsche ich mir den turbulenten Alltag einer Zeitschrift zurück. Insbesondere reizt mich die Produktion: Denn hier kann ich meine Planungs- und Organisationsfähigkeiten einsetzen und meine Begeisterung für die Arbeit am Endprodukt in die Tat umsetzen.

Da das WIRTSCHAFTSMAGAZIN für mich zu den renommiertesten und profiliertesten Publikationen auf dem deutschsprachigen Zeitungsmarkt zählt, vereinigt eine Stelle als Chefin vom Dienst alle Kriterien für meinen persönlichen Traumjob. Dazu zählt auch der Teilzeitaspekt: Erlaubt er mir doch einerseits, für meine Tochter da zu sein, andererseits aber auch, die Vorzüge der Teamarbeit und des für mich wortwörtlichen „Blattmachens" zu genießen.

Meine Kenntnisse basieren auf einer fundierten Ausbildung und langjähriger Praxis: Inklusive freier Mitarbeit, Volontariat und verschiedenen Positionen als Redakteurin habe ich zehn Jahre Berufserfahrung bei Tageszeitungen und Magazinen gesammelt.

Zu meinen Aufgaben gehörten ebenso die Koordination freier Mitarbeiter, das Redigieren von Fremdtexten, Themen- und Blattplanung, Bildauswahl und Seitenproduktion. Im Wechsel mit meinen Kollegen übernahm ich Wochenend- und Spätdienste, in deren Rahmen weitere CvD-Aufgaben zu erledigen waren – angefangen von der Umfangsdisposition bis hin zur Koordination mit der Mantelredaktion. Da mir diese organisatorisch und administrativ geprägte Arbeit sehr viel Spaß gemacht hat, bin ich sicher, dass mir die Tätigkeit in Ihrem Hause sehr liegt.

Für ein unverbindliches Kennenlernen komme ich jederzeit gern in Ihr Haus.

Mit freundlichen Grüßen

Claudia Bildermann

Lara Walter Sonnenstraße 3 12345 Glücksburg Tel.: 0123 456789

Sohn + Partner GmbH & Co. KG
Herr Meier
Bewerbungsweg 2
54133 Erfolgsstadt

Glücksburg, 23.09.2008

Initiativbewerbung als Kommunikationswirtin

Sehr geehrter Herr Meier,

vielen Dank für das sehr interessante Gespräch auf der CeBIT und für Ihr Interesse an meiner Bewerbung. Die Tätigkeit in Ihrem Unternehmen ist für mich sehr reizvoll, da Sie ein sehr innovatives Messekonzept verfolgen, an dessen Ausbau ich gerne mitwirken würde.

Sie können im Gegenzug von meiner langjährigen Erfahrung auf dem Gebiet Messen und Ausstellungen profitieren. Ich habe zahlreiche Projekte sowohl auf Messebau- als auch auf Industrieseite von der Konzeption bis zur Vermarktung betreut und eigenverantwortlich durchgeführt.

Viel Beachtung fand zum Beispiel der von mir konzipierte Auftritt meines früheren Arbeitgebers XYZ auf der Messe »Auto 2008«. Der medienwirksame Stand war Teil eines Bündels an aufeinander abgestimmten Kommunikationsmaßnahmen, die ich gemeinsam mit den Presse- und Marketingverantwortlichen durchführte.

Des Weiteren verfüge ich über fundierte Erfahrung in den Bereichen:

- begleitende Kommunikationsmaßnahmen für Messeauftritte – von der Messebroschüre über die Konzeption von Giveaways bis zur Presseinformation
- Durchführung von Sponsoring sowie Aufbau von Partnerschaften und Kooperationen
- Budget-Kalkulation und -Kontrolle

Da ich mein Kommunikationsprofil abrunden wollte, habe ich 2000 bis 2001 eine Fortbildung zur Kommunikationswirtin (IHK) mit großem Erfolg absolviert. Jetzt fühle ich mich umso mehr befähigt, die erforderlichen Prozesse bei der Messeplanung in die jeweilige Kommunikationspolitik der Unternehmen zu integrieren.

Vielleicht auch in Ihr Unternehmen? Für eine Tätigkeit in der Kundenberatung sprechen neben den kommunikativen Fähigkeiten auch mein Verhandlungsgeschick und eine sehr flexible Denkweise.

Falls ich Ihr Interesse mit dieser Bewerbung verstärken konnte, freue ich mich, Sie in Erfolgsstadt besuchen zu dürfen.

Freundliche Grüße

Diese Bewerbung, mutig auf silberfarbenem Papier gedruckt, kam bei dem Personalverantwortlichen sehr gut an. Toll die edle Optik – zusammen mit dem schnörkellosen Sprachstil ergibt sich ein interessanter und die Zielgruppe ansprechender Kontrast.

Interview mit Stephan Eichstätt

BOK befragte Top-Bewerber

Herr Eichstätt, Sie möchten bei uns die Kommunikationsabteilung übernehmen. Stellen Sie sich doch bitte einmal kurz vor.

> Guten Tag, lieber Herr Sommer, sehr geehrte Frau Christ! Das tue ich gern: Seit einem Jahr bin ich Ressortleiter „Gesundheit" bei der Lifestyle-Zeitschrift *Sunny*. Zuvor habe ich beim gleichen Magazin zwei Jahre als Redakteur gearbeitet – daher auch meine Kenntnisse im Bereich der Gesundheitspolitik. Nach dem Studium der Kommunikationswissenschaften war ich fünf Jahre als freier Mitarbeiter für den NDR tätig, bevor ich dann ein Volontariat beim PSZ-Verlag absolviert habe ... PSZ gibt Special-Interest-Magazine im Bereich Sport heraus.

Sie waren bisher ausschließlich journalistisch tätig. Wenn Sie bei uns anfangen, wechseln Sie die Seiten. Manch einer würde sogar sagen: die Fronten.
Haben Sie Probleme damit?

> Ich gebe zu: Als ich mit dem Schreiben begann, habe ich nicht im Traum daran gedacht, einmal Öffentlichkeitsarbeit zu betreiben. Nach fast einem Jahrzehnt im Beruf haben sich meine Sichtweisen geändert: Für mich ist es eine Herausforderung, auf der Seite eines Unternehmens zu arbeiten, da sich mir hier ganz neue Perspektiven eröffnen. Kommunikation besitzt für mich einfach wahnsinnig viele Facetten, bietet einen großen kreativen Spielraum.

Doch die Kreativität stößt oft an Grenzen. Haben Sie Erfahrung mit praktischer Pressearbeit?

> Nebenberuflich organisiere ich schon seit vier Jahren die Pressearbeit des Fußballclubs Rotblau Schönefeld. Unter anderem habe ich eine Zeitschrift für Fans konzipiert und redaktionell betreut. Die *Rotblau-News* erhalten sogar überregional immer wieder Anerkennung. 2007 hat uns die SAZ mit dem Preis für das innovativste Fanmagazin ausgezeichnet. Besonders unser Engagement gegen Gewalt wurde gelobt.

Die Arbeit bei uns stellt viele Anforderungen im Bereich der internen Kommunikation. Uns ist es wichtig, die Mitarbeiter auf einen veränderten Unternehmenskurs zu bringen. Da würden Sie eine ganz zentrale Rolle spielen.

> Für mich ist dies eine Herausforderung, der ich mich absolut gewachsen fühle. Sicher ist das nur bedingt vergleichbar – aber bei der Arbeit mit den Fußballfans spielte interne Kommunikation immer eine bedeutende Rolle. Gemeinsam mit dem Trainer galt es, die Spieler zu motivieren und sie auf die Philosophie des Vereins und unser gemeinsames Ziel einzuschwören.

Dieses Anschreiben in Interview-Form bricht mit den herkömmlichen Regeln. Es präsentiert dem Ansprechpartner mehr als nur Fakten häppchenweise in einer übersichtlichen Form.

Was befähigt Sie, ein Team zu leiten?

Als Ressortleiter habe ich zwar keine disziplinarische Verantwortung, sonst aber ganz konkrete Führungsaufgaben. Zu meinem Ressort gehören drei feste Mitarbeiter, außerdem betreue ich zahlreiche Freie. Das Team zu motivieren war vor allem während der vergangenen Berg- und Talfahrten im Verlagsgeschäft eine große Herausforderung. Als Ressortleiter stehen Sie schließlich auch schon mal zwischen den Stühlen, müssen loyal der Chefredaktion gegenüber sein und gleichzeitig die Mitarbeiter motivieren. Das ist mir gut gelungen, wir haben ein tolles Arbeitsklima.

Warum möchten Sie dann wechseln?

Mit dem Gedanken, in die Öffentlichkeitsarbeit zu gehen, spiele ich bereits seit einiger Zeit ... Die Position spricht mich einfach an. Ich habe mir vorgenommen, mich nur auf Angebote zu bewerben, die mir in jeder Hinsicht zusagen. Ihre Stellenausschreibung klingt einfach verlockend.

Wo liegen Ihre persönlichen Stärken?

Ich kann Situationen sehr schnell einschätzen und ebenso schnell reagieren. Dabei habe ich immer eine langfristige Strategie im Kopf, ein Ziel vor Augen. Zudem bin ich freundlich, aber auch verbindlich im Auftreten. Arroganz ist mir fremd. Ich glaube auch nicht, dass jemand an so exponierter Stelle sich Arroganz leisten kann.

Ihre Gehaltsvorstellung?

Bitte haben Sie Verständnis dafür, dass ich die Konditionen lieber persönlich mit Ihnen besprechen würde!

Herr Eichstätt, wir bedanken uns für das Gespräch.

Meine Dame, mein Herr: Ich habe zu danken. Und hoffe, dass wir dieses Gespräch demnächst in den Räumen der BOK weiterführen können.

Die zweite Seite des »Interviews«.

Der Lebenslauf: das Herzstück der Bewerbung

Erfahrene Personalverantwortliche überfliegen den Lebenslauf in durchschnittlich anderthalb Minuten. Überfliegen – verlassen Sie sich also bitte nicht darauf, dass alles gelesen wird! Deshalb muss der Lebenslauf vor allem übersichtlich sein, die Fakten schnell und leicht aufnehmbar präsentieren. Alles, was die schnelle Aufnahme erschwert, ist tabu.

Inhaltlich sollte der Lebenslauf nicht nur pure Fakten enthalten. Was besagt schon die reine Tatsache, dass Sie von 2002 bis 2008 als … tätig waren? Wenig! Der neue Arbeitgeber möchte mehr von Ihnen wissen. Was waren denn genau Ihre Aufgaben? Wie eng oder wie weit waren diese umrissen? Beschreiben Sie deshalb stets auch knapp und in Stichworten, wofür Sie zuständig waren und was Sie geleistet haben.

Hier eröffnet sich dann auch schon ein erster Gestaltungsspielraum: Je nachdem, auf welche Stelle Sie sich bewerben, können Sie die Betonung mal mehr auf Ihre während der Tätigkeit »geprüften« kaufmännischen Kenntnisse, mal mehr auf die Teamführung, mal mehr auf das technische Know-how legen. Auch bei den persönlichen Eigenschaften können Sie so »spielen«. Ist Argumentationsstärke gefragt, dann verweisen Sie auf Ihre Fähigkeiten in dieser Richtung – aber bitte nicht, indem Sie nur das bloße Wort erwähnen!

Auch Hobbys können vom Arbeitgeber gewünschte Erfahrungen und Kenntnisse stützen. Ein ehrenamtlicher Kassenwart untermalt sein Zahlenverständnis und kaufmännisches Geschick. Wer im Chor singt, kann dieses Stimmtraining auch hervorragend für seine öffentlichen Verkaufspräsentationen nutzen.

Ein guter Lebenslauf …

➔ … kommt sofort auf den Punkt, beginnt also nicht mit Abitur oder Lehre, wenn Sie bereits zehn Jahre mitten im Beruf stehen. Eine exakte Chronologie kann diesem Ziel entgegenstehen, vor allem, wenn Sie über umfassende Erfahrungen verfügen und Ihre Vita sich über mehr als eine Seite erstreckt. Meist ist es besser, bei der letzten beruflichen Position zu beginnen und mit der Schulbildung zu enden. Mitunter kann es sogar geschickt sein, die Schulausbildung nicht zu thematisieren – z. B. wenn diese eher negativ gewertet würde und die Berufspraxis entsprechend interessant ist.

➔ … gewichtet Ihre Lebensstationen ihrer Bedeutung entsprechend übersichtlich und sinnvoll. Das heißt: Alle Fähigkeiten und die Berufserfahrung, die für die angestrebte Stelle relevant sind, sollten Sie betonen.

➔ … bündelt die Abschnitte sinnvoll. Wichtig sind der eigentliche berufliche Lebenslauf, die Schul- und Ausbildung, Sprachkenntnisse, Computer-Skills, persönliche Fähigkeiten (»Soft Skills«), Weiterbildungen. Zudem kann es, je nach angestrebter Tätigkeit und tatsächlicher Interessenlage, sinnvoll sein, auch Hobbys beziehungsweise besser: Freizeitbeschäftigungen zu erwähnen. Orientieren Sie sich bei der Benennung der Abschnitte nicht an Vorgaben von außen, sondern bemühen Sie sich um eine kreative Lösung für Ihren individuellen Lebenslauf.

➔ … ist vielleicht (bewusst) nicht vollständig, aber lückenlos: Von der Ausbildung bis zur letzten Tätigkeit muss alles beschrieben sein.

Wie Sie den Blick auf den eigenen Lebenslauf ändern

»Meinen Sie wirklich?« Brigitte sah mich unsicher an. Sie wollte nicht so recht glauben, dass ihr Engagement in einer studentischen Unternehmensberatung ihr Berufsziel unterstützte und sie diese ehrenamtliche Tätigkeit unbedingt betonen sollte. Da wollte sie schließlich hin: in die Personalberatung.

Über drei Jahre hinweg hatte sie mit Kommilitonen kleine Unternehmen in der Region unterstützt, auch in Fragen des Personalmarketings – ihres bevorzugten Einsatzgebietes. »Ich habe das doch nur alle paar Wochen mal gemacht und außerdem auch nicht alleine«, warf sie ein. »Nachher kommen noch Fragen, die ich nicht beantworten kann!«

Oft fällt es Bewerbern schwer, ihren Lebenslauf aus einem anderen, neuen Blickwinkel zu betrachten und Argumente zu finden, die ihre Fähigkeiten belegen und ihre Ziele unterstützen. Vor lauter Abschreiben aus Handbüchern verliert sich in vielen Bewerbungen zudem irgendwann die individuelle Spur, die Unterlagen werden uniform.

Dem lässt sich entgegenwirken. Bevor Sie die allererste Bewerbung schreiben, ja noch vor der Analyse eines Stelleninserats, sollten Sie Ihren eigenen Lebenslauf unter die Lupe nehmen – und zwar nicht unter chronologischen, sondern unter inhaltlichen Gesichtspunkten.

Beantworten Sie bitte die folgenden Fragen für sich persönlich. Wenn Sie das getan haben, sind Sie den Inhalten Ihrer Bewerbung schon sehr dicht auf der Spur:

- ➔ Welche Stationen in Ihrem Lebenslauf sind relevant für die Tätigkeit, die Sie anstreben? Denken Sie dabei nicht nur an Abschlüsse, sondern auch an Praktika, Nebentätigkeiten, Projekte, Sonderaufgaben in einem früheren Job sowie Ehrenämter.
- ➔ Welche Eigenschaften brauchen Sie, um den Job optimal auszufüllen und »gut« zu machen? In welchen bisherigen Jobs, Tätigkeiten oder Projekten konnten Sie genau diese Eigenschaften schon unter Beweis stellen? Sie finden garantiert etwas, womit Sie Ihre Fähigkeiten belegen können, auch wenn Ihnen das zunächst abwegig erscheint.
- ➔ (Berufserfahrene Bewerber:) Aufgrund welcher Kenntnisse, Eigenschaften oder Erfahrungen waren Sie bisher erfolgreich? (Berufseinsteiger:) Warum glauben Sie, dass Sie genau diese Tätigkeit gut ausüben können?

Gestalten Sie Ihren Lebenslauf übersichtlich

Eng beschriebene Zeilen, kaum Raum zwischen den einzelnen Aussagen: Viele Bewerber versuchen, ihr ganzes Leben in den Lebenslauf zu packen, und tun dabei oft des Guten zu viel. Zu drangvoller Enge verführt auch die von einigen Bewerbungsratgebern ausgesprochene Empfehlung, einen Lebenslauf nie über mehr als eine Seite laufen zu lassen.

Diese Regel stammt noch aus der Steinzeit der handgeschriebenen Bewerbung und kann so heute nicht mehr stehenbleiben: Zwei Seiten lang darf ein Lebenslauf auf jeden Fall sein – manch ausführliches Profil und umfassende Erfahrung lässt auch schon mal drei Seiten zu. Sogar vier Seiten können ihre Berechtigung haben – es kommt immer auf das Gesamtbild der Bewerbung und die Faktenlage an.

Tabellarische Lebensläufe bieten einen wesentlichen Vorteil: Sie sind übersichtlich und lesefreundlich. Achten Sie darauf, dass zwischen den Zeilen ausreichend Luft bleibt. Neben Tabellen, die Sie mit der Tabellenfunktion in Microsoft Word oder mithilfe von Tabstopps anlegen können, erfüllen auch Übersichten ihre Funktion, in denen die Jahreszahlen und Lebensstationen untereinander aufgelistet sind.

Ob Sie mit der letzten Tätigkeit beginnen, Ihre Soft Skills an den Anfang stellen oder mit strikter Chronologie arbeiten – solange Sie Ihre Darstellung logisch nachvollziehbar strukturieren, stehen Ihnen viele Möglichkeiten offen. Vermeiden Sie es jedoch, Daten auseinanderzureißen. Sie können nicht erwarten, dass der Personalbearbeiter sich einzelne Stationen aus unterschiedlichen Abschnitten zusammensucht, um die chronologische Abfolge verstehen zu können. Diese muss sich von allein ergeben.

Mitunter kann auch ein Lebenslauf im Querformat eine Alternative zum klassischen Lebenslauf im DIN-A4-Hochformat darstellen – vor allem dann, wenn sehr viele Kenntnisse aufgeführt werden müssen, die sich gut und einfach in Sinnabschnitte gruppieren lassen. In diesem Fall kann aber auch ein Profil seinen Zweck erfüllen, das, wie im Beispiel auf Seite 89 Zeugnischarakter besitzt: Der Bewerber gibt sich für seine eigenen Kenntnisse Noten und listet seine Berufserfahrung in Jahren auf. Solche sachlich aufgebauten Profile sind gerade in der IT-Branche und bei technischen Fachkräften sinnvoll.

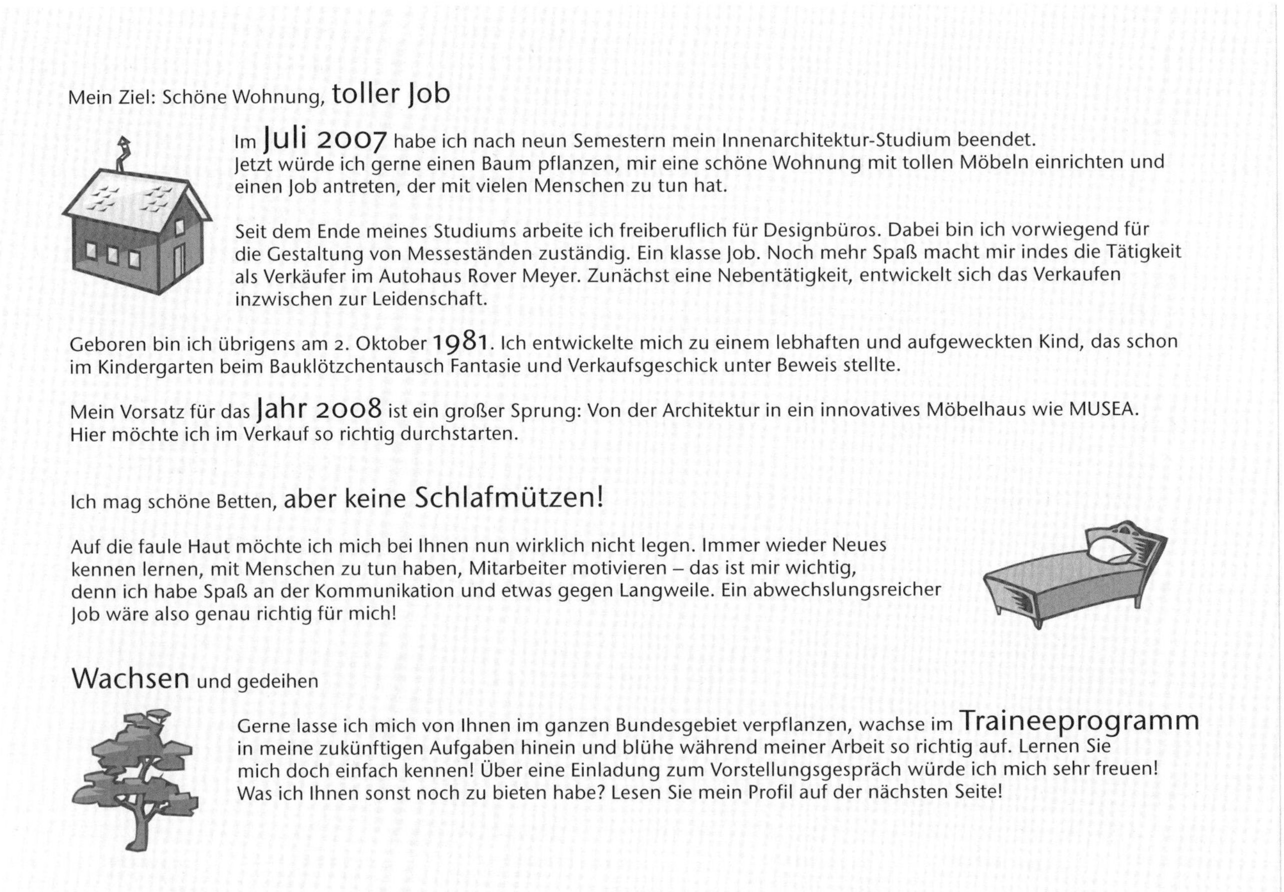

Mein Ziel: Schöne Wohnung, toller Job

Im Juli 2007 habe ich nach neun Semestern mein Innenarchitektur-Studium beendet. Jetzt würde ich gerne einen Baum pflanzen, mir eine schöne Wohnung mit tollen Möbeln einrichten und einen Job antreten, der mit vielen Menschen zu tun hat.

Seit dem Ende meines Studiums arbeite ich freiberuflich für Designbüros. Dabei bin ich vorwiegend für die Gestaltung von Messeständen zuständig. Ein klasse Job. Noch mehr Spaß macht mir indes die Tätigkeit als Verkäufer im Autohaus Rover Meyer. Zunächst eine Nebentätigkeit, entwickelt sich das Verkaufen inzwischen zur Leidenschaft.

Geboren bin ich übrigens am 2. Oktober 1981. Ich entwickelte mich zu einem lebhaften und aufgeweckten Kind, das schon im Kindergarten beim Bauklötzchentausch Fantasie und Verkaufsgeschick unter Beweis stellte.

Mein Vorsatz für das Jahr 2008 ist ein großer Sprung: Von der Architektur in ein innovatives Möbelhaus wie MUSEA. Hier möchte ich im Verkauf so richtig durchstarten.

Ich mag schöne Betten, aber keine Schlafmützen!

Auf die faule Haut möchte ich mich bei Ihnen nun wirklich nicht legen. Immer wieder Neues kennen lernen, mit Menschen zu tun haben, Mitarbeiter motivieren – das ist mir wichtig, denn ich habe Spaß an der Kommunikation und etwas gegen Langweile. Ein abwechslungsreicher Job wäre also genau richtig für mich!

Wachsen und gedeihen

Gerne lasse ich mich von Ihnen im ganzen Bundesgebiet verpflanzen, wachse im Traineeprogramm in meine zukünftigen Aufgaben hinein und blühe während meiner Arbeit so richtig auf. Lernen Sie mich doch einfach kennen! Über eine Einladung zum Vorstellungsgespräch würde ich mich sehr freuen! Was ich Ihnen sonst noch zu bieten habe? Lesen Sie mein Profil auf der nächsten Seite!

Auch so kann ein Lebenslauf aussehen – diese zum Deckblatt auf Seite 84 passende Variante im Querformat kombiniert das Anschreiben mit einer Kurz-Vita! Diese ausgefallene Bewerbung ist jedoch nicht für jede Firma und jeden Beruf vorstellbar. Zu einem jungen, modernen Unternehmen, das zudem mit Möbeln zu tun hat, passt sie sehr gut. Wichtig: Um ein Gleichgewicht herzustellen, ist hier ein Extrablatt mit Fakten wichtig.

Und die Gestaltung? Es ist alles erlaubt, was dem Ziel dient, Fakten schnell und übersichtlich zu präsentieren – oder diesem zumindest nicht im Wege steht. Gestaltungselemente, die Sie schon für Deckblatt und Anschreiben genutzt haben, können und sollten im Lebenslauf wieder aufgriffen werden.

➔ Tabellarische Lebensläufe sind übersichtlich und erlauben viele Variationsmöglichkeiten. Bieten Sie dem Arbeitgeber lesefreundliche Häppchen.

➔ Das Querformat kann dabei eine gestalterische Alternative sein.

➔ Ihre Unterlagen brauchen ein einheitliches Layout, ein »Corporate Design«. Stilelemente aus dem Anschreiben sollten sich deshalb im Lebenslauf wiederfinden.

➔ Dem Lebenslauf können Sie beispielsweise auch ein Kenntnis-Profil beilegen, in dem Sie beruflich relevante Fähigkeiten selbst bewerten.

➔ Gliedern Sie den Lebenslauf in Sinnabschnitte wie »Persönliche Fähigkeiten«, »Laufbahn«, »Ausbildung«, »Weiterbildung«, »Freizeitbeschäftigungen« etc.

➔ Lassen Sie zusammen, was zusammengehört, und reißen Sie aufeinanderfolgende Stationen Ihres Lebenslaufes nicht auseinander.

Wählen Sie die passende Jobbezeichnung

»Webprogrammierer«, »Head of Webdesign and Development« oder »Media-Fachmann« – drei unterschiedliche Tätigkeiten? Falsch: Alle drei Begriffe können das gleiche Tätigkeitsgebiet umschreiben, auf der Visitenkarte desselben Arbeitnehmers stehen. Und doch liegen Welten zwischen den drei Berufsbezeichnungen: Ein »Head of« kommt anders beim Gegenüber an als ein »Webprogrammierer« – ob »Webdesigner« oder »Webprogrammierer« ist dann wieder eine andere (Ausdrucks-)Frage, selbst wenn dieser sich in der nächsten Zeile des Lebenslaufes Führungs- und Budgetverantwortung attestiert. Umgekehrt kann auch der »Head of« bloß Leiter einer Ein- bis Zwei-Mann-Abteilung sein.

➔ Was wir daraus lernen? Zum einen: Berufsbezeichnungen sagen wenig aus. Und zum anderen: Sie können damit »spielen« – bis zu einem gewissen Grad jedenfalls. So sollte die Berufsbezeichnung, mit der Sie im Lebenslauf eine Tätigkeit umschreiben, möglichst auch in Ihrem Anstellungsvertrag oder auf Ihrer Visitenkarte gestanden haben. Auf die Gestaltung der kleinen Karte haben Sie bei vielen kleinen und mittleren Firmen durchaus Einfluss. Überlegen Sie sich also gut, was Sie darauf schreiben (und überzeugen Sie auch den Chef, dass es seinem eigenen Image guttut, Sie mit Worten zu befördern).

Das A und O – setzen Sie Akzente

Lesen Sie bitte einmal folgenden Abschnitt aus dem Lebenslauf einer Führungskraft:

1/1999 bis 12/2008 Vertriebsleiter Geldinstitute
mit Handlungsvollmacht und Budgetverantwortung > 8 Mio.
– Steuerung der Account-Manager/
Neukundenakquise
– Opinion-Leader-Management
– Produktmanagement und Markteinführung
– Strategische Personalentwicklung

Vergleichen Sie jetzt obigen Abschnitt mit folgendem:

1999–2008 Vertriebsleiter Geldinstitute
Zuständig für Akquise und 3 bis 7 Account-Manager, Budgetverantwortung (zuletzt mehr als 8 Millionen)

■ Carsten Köthe

Ahornweg 8
81234 Baumstadt

Tel.: 012354 678900
Fax: 012354 678001
E-Mail: mail@carstenkoethe.com

PERSÖNLICHE DATEN

22.05.1977	Geboren in Bochum
	Familienstand ledig
	Staatsangehörigkeit deutsch

HOCHSCHULBILDUNG

1996	Abitur am Heinrich-von-Kleist-Gymnasium in Remscheid
1997 bis 2001	Studium der Wirtschaftsinformatik an der Universität Köln (Abschlussnote: 1,8)

BERUFSPRAXIS

07.2001 bis 06.2004

Account Manager bei ABC AG in München

Kernaufgaben:

Verantwortlich für den Vertrieb von Designerlampen für Büros

Erfolgreich abgeschlossene Projekte:

- Erschließung des österreichischen Marktes
- Neuakquise von drei Großkunden
- Ausbau des Marktanteils bis auf 10 Prozent in zwei Jahren

Handlungsvollmacht seit 02.2004

06.2004 bis heute

Key Account Manager bei Eurolicht GmbH in Unterföhring

Kernaufgaben:

- Verantwortlich für den bundesweiten Vertrieb von Beleuchtungssystemen
- Verantwortlich für ein Team von fünf Außendienstmitarbeitern
- Handlungsvollmacht
- Budgetverantwortung (> 500.000 Euro)

Erfolgreich abgeschlossene Projekte:

- Steigerung des Marktanteils um 55 Prozent
- Reorganisation der Vertriebsstruktur
- Gewinnung neuer Großkunden
- Verantwortlicher Mitaufbau des E-Commerce

Oft ist es einfach nur wichtig, die richtigen Akzente zu setzen und jene Tätigkeiten und Erfolge hervorzuheben, die zum angestrebten Job passen. Dabei sollten Sie Ihre Vita immer wieder variieren – passend zum Arbeitgeber und zum angestrebten Job.

■ Carsten Köthe

Ahornweg 8
81234 Baumstadt

Tel.: 012354 678900
Fax: 012354 678001
E-Mail: mail@carstenkoethe.com

SOFT SKILLS

Konsequent kundenorientiert	Kompetente Beratung sehe ich als Grundlage meiner Tätigkeit. Der Kunde und seine Bedürfnisse stehen immer im Mittelpunkt.
Strategisch denkend	Ich strebe nicht nur kurzfristige Ergebnisse, sondern vor allem auch langfristige Ziele an.
Interkulturell	Durch die Arbeit in einem international orientierten Verlag und einem weltweit tätigen Konzern bin ich den Umgang mit unterschiedlichen Kulturen gewohnt.
Flexibel	Ich bin beweglich und »mobil«, vor allem auch im Kopf!
Kommunikationsstark	Ich kann gut zuhören, die richtigen Fragen stellen und mit starken Argumenten überzeugen.

SPRACHEN

Englisch	sehr gut (verhandlungserprobt)
Französisch	gut (mündlich)

COMPUTER

Windows, Office	gute Anwenderkenntnisse
Internet	sehr gute Anwenderkenntnisse

WEITERBILDUNGEN

Praktische Rhetorik und Verhandlungstaktik	Intensivkurs (Wochenseminar)
Mitarbeiter aktiv führen	Teambuilding und Motivation in drei Modulen à zwei Tagen
Zeitmanagement	Selbstmanagement
Erfolgreiche Verkaufspräsentationen	Vorträge strategisch aufbauen und Handouts ansprechend gestalten

Baumstadt, 30.09.2008

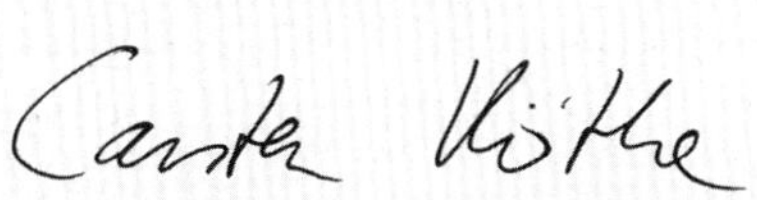

Seite zwei des Lebenslaufs von Carsten Köthe.

Der Aufbau und die Akzentuierung machen hier den Unterschied: Sie brauchen nicht die Zahl der Mitarbeiter zu nennen, für die Sie verantwortlich waren (vor allem, wenn diese nicht beeindruckend hoch war). Der Ausdruck »Strategische Personalentwicklung« verkauft die Tatsache, dass es letztlich darum ging, eine Abteilung aufzubauen, viel besser als die Formulierung »zuständig für 3 bis 7 Mitarbeiter«, die nicht eindeutig besagt, dass es anfangs drei und zuletzt sieben Mitarbeiter waren, sondern auch den umgekehrten Schluss zulässt.

Ganz entscheidend ist darüber hinaus die Auswahl der Tätigkeiten, die Sie beschreiben. Natürlich sollten es die zentralen sein. Doch hat nicht jede Aufgabe mehrere Aspekte? Und lassen sich diese einzelnen Aspekte nicht wiederum unterschiedlich benennen?

Ein Beispiel: Ein Marketing-Sachbearbeiter war in seiner letzten Position für Marktforschung zuständig, darüber hinaus aber auch für Werbebroschüren und Produktübersichten, wobei er die Produktion vom Agentur-Briefing bis hin zum Druck begleitet hat – mit anderen Worten: Er hat Projektmanagement betrieben. In der von ihm angestrebten Position kommt es auf genau diese Kenntnisse an – Marktforschung spielt keine Rolle mehr. Also ist es ratsam, in der Bewerbung den zweiten Teil der Tätigkeit stärker zu betonen.

Der Ton macht die Musik

Bei einer Führungskraft ist im Lebenslauf ein sachlicher Ton angesagt. Legen Sie den Fokus auf jene Fakten, die von Bedeutung für die Einschätzung Ihrer alten Position und für den neuen Job sind, auch wenn diese nur einen Teil Ihrer Arbeit umfasst haben. Dabei gibt es verschiedene Beschreibungsstrategien. Für eine Führungskraft liegt es beispielsweise nahe, einen Verantwortungsbereich zu beschreiben, für einen Angestellten »Tätigkeiten« und/oder auch Sonderaufgaben.

Sie können bei der Beschreibung sehr ins Detail gehen oder aber auch genau das Gegenteil davon tun, nämlich allgemein beschreiben. Ins Detail gehen Sie, wenn Ihr Leser einen Eindruck von Ihren verschiedenen Aufgaben bekommen soll. Wählen Sie eine allgemeinere Art der Beschreibung, wenn Ihr Bewerbungsempfänger sich besser das eine oder andere zusätzlich vorstellen soll (»von ... bis«). Das ist zum Beispiel sinnvoll, wenn Sie eine Tätigkeit ausgeübt haben, die relativ speziell und individuell geprägt war und deshalb nicht in jedem Punkt vergleichbar mit der angestrebten Funktion ist.

Machen Sie nicht viele, sondern die richtigen Worte

Den größten Spielraum haben Sie bei der Beschreibung von Aufgaben und Projekten. Dabei müssen Sie gar nicht viele Worte machen – entscheidend ist es, die richtigen Beschreibungen zu wählen. Denken Sie beispielsweise an die Hausfrau und Mutter, die in ihrem Lebenslauf nicht als »Hausfrau und Mutter« kocht, putzt und Kinder erzieht, sondern als »Familienmanagerin« für die reibungslose Organisation zuständig ist und dabei auch Führungsfunktionen wahrnimmt.

Indes hat dieses Beispiel schon wieder einen großen Nachteil: Es ist in der Presse zu häufig genannt worden und dadurch inzwischen alles andere als kreativ. Manch einer neigt deshalb dazu, es ins Lächerliche zu ziehen. Besser ist es, wenn Sie es schaffen, dass der Leser Ihres Lebenslaufes gar nicht auf die Idee kommt, Sie könnten Wortmalerei betreiben. Der Text muss ganz natürlich wirken – jedenfalls innerhalb der durch die Branche und den jeweiligen Beruf gesetzten Grenzen.

Finden Sie Ihren eigenen Weg und orientieren Sie sich dabei nicht so sehr an den Formulierungen anderer. Denken Sie aber auch in modernen Begriffen und Kategorien, die in Ihrer Branche und in Ihrem Beruf verwendet werden – selbst wenn gesundes Sprachempfinden manchem Wortungetüm entgegensteht. Ein Kommunikationsexperte kann durchaus in »Change-Management-Prozessen« involviert sein, ein Marketingfachmann darf ungestraft von »Unique selling proposition« und »Branding« sprechen, der Manager sich »Benchmarking« auf die Fahnen schreiben.

»Soft Skills« – Wortkosmetik ja, aber bitte keine falsche Schminke

Auch Ihre Persönlichkeitsattribute, die Soft Skills, sowie Ihre weiteren Fähigkeiten können Wortkosmetik gut vertragen. Attestiert die Formulierung »Englisch: sehr gut (verhandlungserprobt)« nicht bessere Sprachkenntnisse als schlicht »sehr gutes Englisch«? Das »verhandlungserprobt« vermeidet das gefragte, aber auch gefährliche »verhandlungssicher« – was ja bedeutet, dass Sie selbst sprachliche Spitzfindigkeiten aus der Umgangs- und Hochsprache erkennen. Das ist weit mehr als Englisch »fließend« zu sprechen – und ohne längeren Auslandsaufenthalt schlichtweg unglaubwürdig.

Ein anderes Beispiel: »Flexibilität« an sich sagt wenig aus. Bringen Sie zum Ausdruck, welche Art von Flexibilität Sie meinen. Sind Sie zeitlich oder örtlich flexibel, offen im Denken, wandlungs- oder anpassungsfähig? Und noch so ein Schlagwort: Teamgeist. Können Sie gut mit anderen zusammenarbeiten? Macht es Ihnen Spaß, Projekte gemeinsam zu verantworten? Glauben Sie, dass ein Team mehr ist als die Summe seiner Mitglieder?

➔ Vermeiden Sie im Lebenslauf – wie schon im Anschreiben – das Aneinanderreihen von abstrakten Begriffen, und geben Sie jeder Aussage Bedeutung und Inhalt.

Formen Sie Ihren Lebenslauf zielgerecht

Sie können einen Lebenslauf weit mehr den eigenen Zielen gemäß ausgestalten, als Sie für möglich halten – und das ist alles ganz legitim. Wenn Sie keine kreativen Ideen haben, was Sie aus Ihrer Vita herauskitzeln können, verfahren Sie nach der auf Seite 50 beschriebenen Mind-Mapping-Methode. Nehmen Sie alle Aspekte unter die Lupe, die relevant sein könnten. Bleiben Sie bei der Wahrheit, aber bedenken Sie, dass es immer mindestens zwei Wahrheiten gibt (ist das Glas nun »halb voll« oder »halb leer«?). Das soll keine Aufforderung zur Übertreibung sein: Alles, was Sie sagen, muss belegbar sein – nichts ist peinlicher und für den Lebenslauf schädlicher, als sich in einem Job wiederzufinden, der einem nicht liegt oder der einen überfordert. Geben Sie also nichts vor, was einer Überprüfung nicht standhält.

Sie mögen jetzt fragen: Widersprechen die in diesem Kapitel gegebenen Empfehlungen nicht dem im Abschnitt zum Anschreiben Gesagten – dem klaren, verständlichen Ausdruck? Nein: Während Sie im Anschreiben den Leser schnell für sich gewinnen müssen, gilt es im Lebenslauf Fakten zu präsentieren und mit diesen zu beeindrucken – weitgehend schnörkellos und zielgruppengerecht.

Doch auch über dieser Regel steht wieder einmal die Individualität. Ein junger Bewerber, Dominik, hat sich mit einem ausführlichen, von Hand geschriebenen (!) Lebenslauf den Eintritt als Praktikant in einer großen Radioanstalt verschafft. Sein Argument für diesen Weg: »Ich wollte Akzente setzen in einer von Computern beherrschten Welt.« Der Personalchef fand es gut, der Rest der Mannschaft »cool«. Gewonnen – gegen den Trend!

Ein anderer Bewerber baute seinen Lebenslauf wie eine Kurzgeschichte auf und markierte die Stationen mit großen hellgrauen Ziffern mitten im Text. Auch dieser Lebenslauf kam an: Die Kurzgeschichte endete (vorläufig) mit einem Arbeitsvertrag.

➔ Geben Sie nie etwas vor, was einer Überprüfung nicht standhält. In den Lebenslauf gehören Fakten, sinnvoll auf die angestrebte Tätigkeit hin ausgesucht und zielgruppengerecht ausformuliert.

Stopfen Sie Lücken, ohne zu lügen

Doch was ist mit den Lücken? »Wie sage ich's bloß? Arbeitslosigkeit, Erziehungszeiten, Monate im Entzug …« Viele Menschen haben eine Etappe in ihrem Lebenslauf, die sie lieber vergessen (lassen) würden. Doch gefordert ist die lückenlose Vita. Eine explizite Lüge ist zwar unter Umständen gesetzlich zulässig, doch undokumentierte Zeitspannen bleiben ja bestehen.

Was also tun? Viele Lücken sind nicht so dramatisch, wie Sie vielleicht glauben. Das eine Jahr in Australien war für Sie vielleicht nur dazu da, die Trennung von Ihrem Ehepartner zu überwinden, doch das müssen Sie ja nicht sagen. Haben Sie dort nicht auch die Sprache gelernt? Und war dieser Computerkurs nicht unheimlich nützlich, auch wenn Sie ihn nur einmal in der Woche besucht haben? Verkaufen Sie Lücken wie einen längeren Urlaub oder den Berufsausstieg zur Erholung ruhig als Auszeit. Endlich konnten Sie die Sprache lernen und neue Kräfte schöpfen.

Erziehungszeiten und Pausen aufgrund der Pflege von Angehörigen können Sie ruhig offenlegen. Ob Sie sich nun wirklich als Familienmanagerin (siehe Seite 104) verkaufen, bleibt Ihrem individuellen Empfinden überlassen. Denn natürlich ist es auch beim Lebenslauf wichtig, dass Sie sich mit ihm identifizieren können.

Auch vorübergehende Arbeitslosigkeit gilt in Zeiten unberechenbarer Firmenpleiten längst nicht mehr als Schande: Sie können und sollten offen dazu stehen. Je natürlicher und selbstbewusster Sie damit umgehen, desto weniger wird eine temporäre Phase der Arbeitslosigkeit Ihrer Karriere im Wege stehen. Dennoch müssen Sie natürlich nicht unbedingt mit einem virtuellen Pfeil auf den vermeintlichen Makel deuten.

Vermeiden Sie zudem Negativformulierungen – diese sind bei den meisten Bewerbungen ohnehin fehl am Platz. Es sei denn, Sie spielen bewusst mit der Negativierung. Eine Sekretärin etwa schrieb in ihrer Bewerbung: »Vielleicht stellen Sie mich besser nicht ein. Sonst haben Sie bald nicht mehr mit Chaos, sondern mit Ordnung und Übersicht zu kämpfen.« Die Bewerbung kam gut an und führte zur Einstellung.

Meist ist es besser, auf Wörter und Wortbestandteile wie »nicht«, »nein« und »-los« zu verzichten und negativ belegte Ausdrücke positiv umzuformulieren. »Überbrückungszeit aufgrund eines Berufswechsels« ist zum Beispiel eine Möglichkeit, Arbeitslosigkeit zu umschreiben; der »Auslandsaufenthalt« eine andere. Auch eine Weiterbildung kommt besser an als Nichtstun – und das steckt ja nun im Wort arbeits-los.

Schwieriger zu verkaufen ist ohne Frage Langzeitarbeitslosigkeit – zumal Sie kaum darum herumkommen werden, die Karten offenzulegen. Jammern oder bemitleiden Sie sich aber besser nicht, wie das leider viele tun. Erklären Sie vielmehr sachlich und nüchtern, warum Sie so lange nicht im Beruf standen, ohne das Thema breitzuwalzen. Der beste Ort dafür ist das persönliche Gespräch, vielleicht ist auch ein Hinweis im Anschreiben sinnvoll. Vielleicht hatten Sie sich einfach für den falschen Beruf entschieden und haben durch die Umschulung jetzt endlich die Weichen für die Zukunft gestellt.

Hier ein Beispiel für eine geeignete Formulierung: »Durch eine Allergie als Friseuse unvermittelbar, habe ich mich für eine Umschulung zur IT-Systemelektronikerin entschieden. Nach dem erfolgreichen Abschluss suche ich jetzt den Einstieg in meinen neuen Beruf.«

Beim Wiedereinstieg nach langer Pause können zum Beispiel auch Praktika helfen. Denn viele Arbeitgeber handeln gerne frei nach dem Motto: erst unverbindlich testen, dann kaufen. Nicht wenige ehemalige Praktikanten haben nach den Schnupperwochen einen festen Arbeitsvertrag unterschrieben.

➔ Verzichten Sie auf glatte Lügen und den Versuch, Makel im Lebenslauf durch Datenkorrektur auszugleichen. Personalverantwortliche vergleichen die Angaben mit den Zeugnissen und wittern sofort, wenn etwas nicht stimmt. Oft vermuten sie sogar da Ungereimtheiten, wo es gar keine gibt. Deshalb der Rat: Verschweigen Sie nichts, und gehen Sie offensiv mit Lücken um.

Die kreative E-Mail- und Internet-Bewerbung

E-Mail-Bewerbung = fantasielos und langweilig? Dass das nicht so sein muss, haben wir bereits festgestellt. Eine E-Mail-Bewerbung ist inzwischen rein optisch nichts anderes als eine Postbewerbung. Sie wird lediglich als PDF in einer digitalen Mappe gespeichert und über das Internet bzw. Ihr Mailprogramm versendet. PDFs lassen sich inzwischen kostenlos erstellen. Dazu eignet sich beispielsweise das Programm FreePDF oder Sie nutzen OpenOffice *(www.openoffice.org)*, in das ein PDF-Writer integriert ist. Wer es komfortabler mag, kauft die Software Acrobat, beispielsweise in einer älteren Version über Ebay.de. Der Unterschied liegt nur in den technischen Fehlern, die beim Versand gemacht werden können.

Versenden Sie diese PDF-Mappe zusammen mit einem gekürzten Anschreiben im sogenannten Bodytext. Das ist der Bereich, den Sie unten sehen, wenn Sie die Mail aufmachen. Weisen Sie auf den Anhang, die Mappe hin. Diese Mail können Sie formatieren, wobei nicht sicher ist, ob das beim Empfänger auch ankommt. Deshalb beschränken Sie sich lediglich auf fett oder kursiv bzw. kleine farbige Elemente. Nett sieht es auch aus, wenn Sie eine digitale Unterschrift in Ihre E-Mail einspeichern. Damit senden Sie dem Empfänger allerdings ein Bild ins Haus, das unter Umständen beim Empfänger abgefangen werden könnte.

Eurozeichen als Fragezeichen, Löcher überall, wo Umlaute stehen sollten: Das kommt leider immer noch sehr häufig vor. Es liegt daran, dass manche (Sender- oder Empfänger-) E-Mail-Programme falsch eingestellt sind und die Umlaute und Sonderzeichen ersetzen. Davor schützen Sie sich am besten, indem Sie Nur-Text (ASCII) nutzen. HTML-Mails sind zwar ansprechender, da sie ein richtiges Layout gestatten – mit Bildern, Grafiken, Tabellen etc. –, aber eben auch ein Risiko. Da sich das PDF als Standard durchgesetzt hat, empfiehlt es sich, die kreative Gestaltung hierauf zu beschränken.

Schicken Sie HTML-Mails und andere Dateianhänge als PDF deshalb nur, wenn Sie sicher sein können, dass der Empfänger sie auch in der abgeschickten Form lesen kann. Ohne Firmeninterna zu kennen, funktioniert das nur nach einem vorherigen Test, denn auf die telefonische Auskunft der Sekretärin (»ja, das geht schon«) ist nicht immer Verlass. Im Zweifel tauschen Sie mit ihr eine Mail aus: Kommt die Antwort formatiert und mit Attachments bei Ihnen an? Dann können Sie es wagen.

Verzichten Sie darauf, im Bodytext dem Erscheinungsbild eines Briefes nachzueifern und Briefkopf sowie Datum oben im Mailfenster einzusetzen – das wirkt in einer E-Mail einfach lächerlich, da diese ja ohnehin mit Datum beim Empfänger ankommen und die Postadresse im E-Mail-Verkehr nicht relevant ist.

Auch Kreativität in der Betreffzeile ist oft falsch investiert, da die Mails möglicherweise automatisch sortiert werden und der Hinweis »Bewerbung auf« deshalb für die Zuordnung nötig ist. Ausrufezeichen und andere Sonderideen im Betreff wiederum könnten dafür sorgen, dass Ihre E-Mail im Spamfilter landet. Also seien Sie lieber vorsichtig.

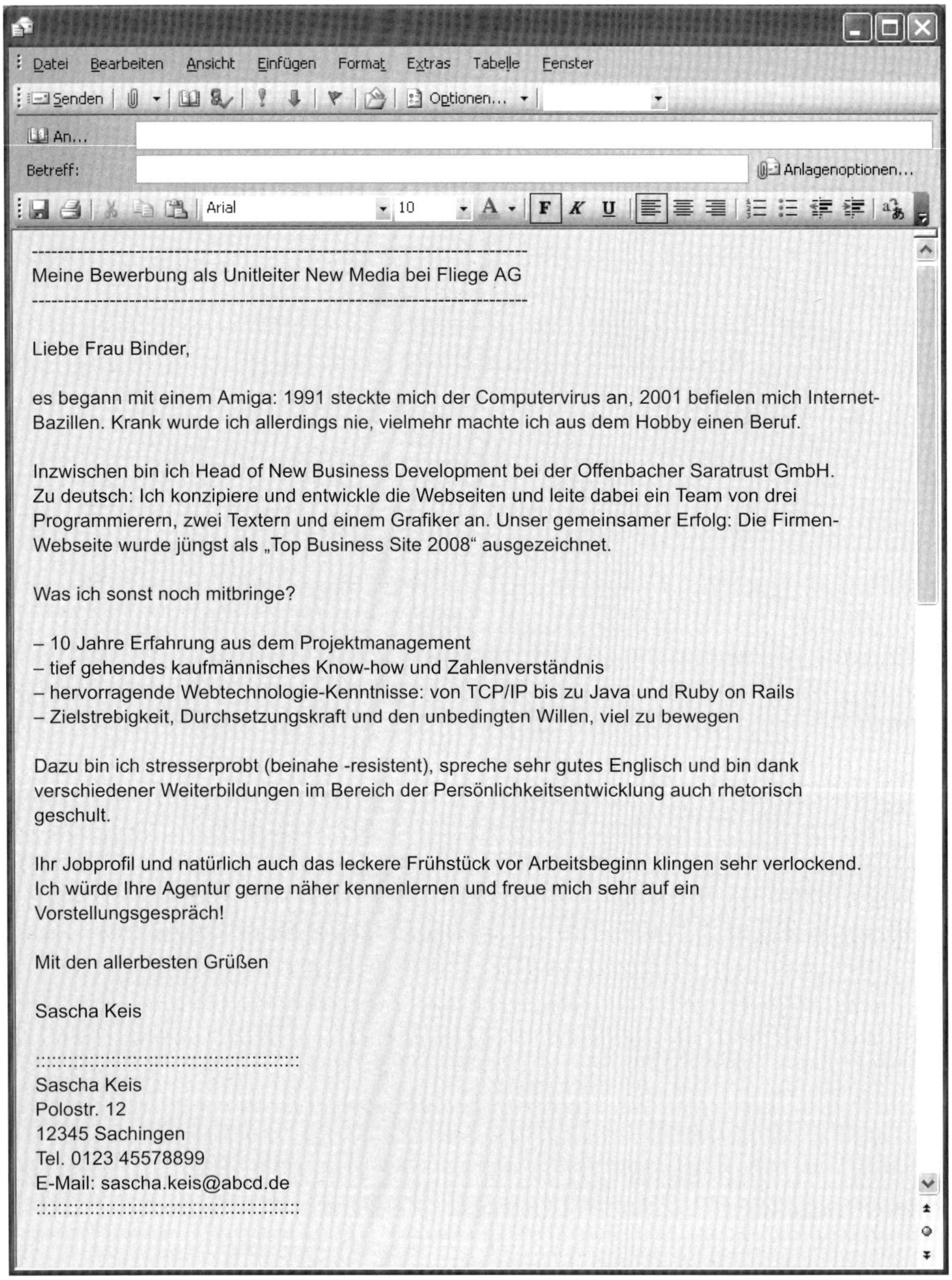

Meine Bewerbung als Unitleiter New Media bei Fliege AG

Liebe Frau Binder,

es begann mit einem Amiga: 1991 steckte mich der Computervirus an, 2001 befielen mich Internet-Bazillen. Krank wurde ich allerdings nie, vielmehr machte ich aus dem Hobby einen Beruf.

Inzwischen bin ich Head of New Business Development bei der Offenbacher Saratrust GmbH. Zu deutsch: Ich konzipiere und entwickle die Webseiten und leite dabei ein Team von drei Programmierern, zwei Textern und einem Grafiker an. Unser gemeinsamer Erfolg: Die Firmen-Webseite wurde jüngst als „Top Business Site 2008" ausgezeichnet.

Was ich sonst noch mitbringe?

– 10 Jahre Erfahrung aus dem Projektmanagement
– tief gehendes kaufmännisches Know-how und Zahlenverständnis
– hervorragende Webtechnologie-Kenntnisse: von TCP/IP bis zu Java und Ruby on Rails
– Zielstrebigkeit, Durchsetzungskraft und den unbedingten Willen, viel zu bewegen

Dazu bin ich stresserprobt (beinahe -resistent), spreche sehr gutes Englisch und bin dank verschiedener Weiterbildungen im Bereich der Persönlichkeitsentwicklung auch rhetorisch geschult.

Ihr Jobprofil und natürlich auch das leckere Frühstück vor Arbeitsbeginn klingen sehr verlockend. Ich würde Ihre Agentur gerne näher kennenlernen und freue mich sehr auf ein Vorstellungsgespräch!

Mit den allerbesten Grüßen

Sascha Keis

Sascha Keis
Polostr. 12
12345 Sachingen
Tel. 0123 45578899
E-Mail: sascha.keis@abcd.de

Farbenfroh (im Original ist der Hintergrund orange – eine Farbe, mit der auch die angepeilte Firma arbeitet) und ansprechend: ein Anschreiben als formatierte E-Mail. Nutzen Sie nur Farben, mit denen auch die stellenausschreibende Firma operiert. Sonst besteht die Gefahr, wie ein »bunter Hund« zu wirken. Achten Sie unbedingt auf einen hohen Kontrast zwischen Hintergrund- und Textfarbe.

So machen Sie alles richtig:

➔ Unbedingt den Betreff ausfüllen, aber nicht mit Sonderzeichen oder Werbesprüchen.

➔ Einen Absender wählen, der repräsentativ ist – nicht etwa huendchen77@aol.com. Vor- und Nachname ist ideal. Da Web.de- und Gmx.de-Adressen mit weniger exotischen Namen oft schon vergeben sind, nehmen Sie einen anderen Anbieter, z.B. Googlemail.

➔ Signatur unter die Mail!

➔ Anhänge sinnvoll benennen, z.B. bewerbung_mlanz.PDF.

➔ Der Anhang sollte nicht größer sein als 2 Megabyte.

➔ Reihenfolge im PDF: Anschreiben, Lebenslauf, die wichtigsten Zeugnisse.

➔ Testen Sie, ob Ihre Mail mit Umlauten auch ankommt, am besten erst mal bei einem Bekannten.

Onlineformulare: Setzen Sie Akzente

Viele Bewerber fühlen sich von den checklistenartigen Onlineformularen, die die Internet-Stellenmärkte fast aller großen Unternehmen anbieten und für die Bewerbung bevorzugen, abgestoßen. Dabei können Sie auch hier Ihre Kreativität unter Beweis stellen – etwa indem Sie die Freitextfelder für ein aussagekräftiges Motivationsschreiben nutzen.

Fast alle Formulare bieten zudem die Möglichkeit, eigene Dokumente »upzuloaden« beziehungsweise hochzuladen und dem eventuell zukünftigen Arbeitgeber auf diesem Weg zu übermitteln. Teilweise können Sie hier auch eine komplette Mappe als PDF hochladen. Diese Möglichkeit sollten Sie nutzen, noch wichtiger ist es jedoch, die Felder vollständig auszufüllen. Bei automatisierten Absagen kann ein leer gelassenes Feld zur Absage führen.

Füllen Sie die Onlineformulare sorgfältig und detailliert aus. Meine Erfahrung zeigt, dass das zentrale Element nach dem Check der von Ihnen gemachten Angaben (z. B. Wie gut ist Ihr Englisch?) immer noch der Lebenslauf ist. Dieser unterscheidet sich nicht von einem per E-Mail versendeten. Das vorbereitete Anschreiben kopieren Sie einfach in das Textfeld – übrigens mit Ansprache und Grußformel.

Mehr Tipps zur E-Mail- und Onlinebewerbung lesen Sie in meiner im Eichborn-Verlag erschienenen *Praxismappe für die perfekte Internet-Bewerbung.*

Weitere Bestandteile Ihrer kreativen Bewerbungsmappe

Kreativ können Sie auch bei der Auswahl der Anlagen sein: Da kann ein Dankesschreiben für gute Arbeit das Zeugnis ergänzen oder der Ausschnitt aus einer E-Mail mit einem lobenden Feedback. Da können Arbeitsproben einen Eindruck vermitteln oder ein Bericht über Sie in der Zeitung. Erlaubt ist alles, was dem Ziel dient, eingeladen zu werden. Indes: Weniger ist auch hier manchmal mehr.

Zeugnisse – ja oder nein?

Je nach Branche und Unternehmen ist es sehr unterschiedlich, welche Zeugnisse Arbeitgeber erwarten. Die Mehrzahl begnügt sich mit dem letzten Abschlusszeugnis und Arbeitszeugnissen, die 10 bis 15 Jahre dokumentieren. Direkt nach der Uni fordern größere Arbeitgeber oft noch beides: Abiturzeugnis und Hochschulabschluss.

Auch die wichtigsten Weiterbildungsnachweise können Sie beilegen, besser jedoch nicht jedes einzelne Eintagesseminar. Im Einzelfall und bei sehr konservativen Unternehmen kann es jedoch sein, dass Arbeitgeber von einem Akademiker noch das Abiturzeugnis oder von einem Kaufmann den Realschulabschluss sehen möchten. Entweder Sie dokumentieren alle Stationen oder nur die wichtigsten.

Gerade bei Onlinebewerbungen ist Letzteres oft die bessere Strategie. Das liegt zum einen an ganz praktischen Erwägungen, denn nicht jeder kann Bilder so einscannen, dass sie am Ende gut aussehen und zugleich klein genug sind für den Versand. Zudem werden PDF-Mappen auch zu groß, wenn zu viele Dokumente eingespeist werden – und wir sprachen ja bereits über die Verträglichkeitsgrenze von rund zwei Megabyte.

Übrigens empfiehlt es sich, auch dann mit PDF-Dateien zu arbeiten, wenn Sie Bewerbungen per Post versenden oder für das Gespräch ausdrucken. Sie können auf diese Weise alle Zeugnisse (sowie alle Nachweise und eventuelle Arbeitsproben) auf dem gleichen (edlen) Papier ausdrucken. Dies macht optisch einen sehr professionellen Eindruck, denn Sie vermeiden die zwangsläufig unterschiedlichen Weißtöne des Papiers von Anschreiben, Lebenslauf und Anlagen.

Den gleichen Effekt erzielen Sie, wenn Sie Ihr eigenes Papier ins Copy Center mitnehmen oder dort gutes Papier kaufen und Ihre Zeugnisse darauf ausdrucken. Allerdings kann es Ihnen dabei leider passieren, dass das entsprechende eigene Papier zwar für Ihren Tintenstrahldrucker zu Hause, nicht aber für den Kopierer geeignet ist. Achten Sie beim Kauf unbedingt darauf!

Unabhängig von den technischen Argumenten bleibt die Frage bestehen: »Soll ich oder soll ich nicht?« Denn nicht nur infolge der zunehmenden Akzeptanz von Onlinebewerbungen verlieren Zeugnisse an Bedeutung. Bei einigen Firmen hat sich auch die Erkenntnis durchgesetzt, dass jedes »Attest« mit Vorsicht zu genießen sei. Vielleicht hat es der Bewerber ja selbst geschrieben, vielleicht hat er mithilfe eines Rechtsanwaltes positive Formulierungen durchgeboxt.

Zudem gibt es entgegen anders lautender Behauptungen keinen absolut eindeutigen »Code« für die Zeugnisbewertung. Ein Zeugnis lässt sich schlecht in Einzelteilen, sondern vor allem im Zusammenhang beurteilen. Und wenn der einen rundum guten Eindruck hinterlässt, überwiegt das den einzelnen zweideutigen Ausdruck. Hinzu kommt: Viele Arbeitgeber drücken sich zudem ohne Absicht doppeldeutig aus. All das macht die Beurteilung schwer …

Suchen Sie aussagekräftige Zeugnisse heraus

Doch welche Zeugnisse sind wirklich aussagekräftig? Viele Bewerber schicken erst einmal alles, was sie im Laufe der Jahre angesammelt haben: vom Grundschulzeugnis bis zur Teilnahmebescheinigung am Microsoft-Office-Kurs. Ein solcher Dokumenten-Overkill kann schnell beliebig oder sogar lächerlich wirken.

Und Vorsicht: Wenn Sie lediglich an einer PC-Wochenendschulung für Einsteiger teilgenommen haben, könnte damit vielleicht assoziiert werden, dass Ihre Kenntnisse als eher gering einzustufen sind. Auch auf die Teilnahme an Volkshochschulkursen muss nicht unbedingt per Dokument hingewiesen werden. Anders verhält es sich natürlich mit einschlägigen Zertifizierungen, wie z. B. einer Zertifizierung im ITIL-Servicemanagement. Solche Zertifizierungen haben einen ganz anderen Wert und sollten beigelegt werden.

Um zu entscheiden, welche Nachweise für den Empfänger der Unterlagen wichtig und interessant sind, stellen Sie sich am besten die Frage nach deren Relevanz für den angestrebten Job. Fragen Sie sich, wie ein bestimmtes Dokument »wirkt«. Reine Teilnahmebestätigungen (»eine Benotung hat nicht stattgefunden«) haben natürlich oft eine geringere Wirkung als »echte« Zeugnisse mit Noten. Es könnte schließlich sein, dass Sie nur im schlaftrunkenen Zustand anwesend waren und nichts aus der Schulung mitgenommen haben.

Größeren Eindruck schinden Sie da mit dem Nachweis eines auf dem entsprechenden Gebiet renommierten Instituts. Teure, selbst bezahlte Kurse deuten ebenfalls auf Engagement hin, auch wenn die Note fehlt. Wenn Sie selbst investiert haben, ist es schließlich unwahrscheinlich, dass Sie die Zeit nicht auch genutzt haben.

Meist genügt es, die zuletzt ausgestellten Dokumente beizulegen. Wer bereits seit zehn Jahren im Beruf steht, kann durchaus auf sein Abiturzeugnis verzichten. Und ob ein Hochschulzeugnis nach einem Jahrzehnt über den Beleg des Akademikerstatus hinaus aussagekräftig ist – auch darüber gehen die Meinungen auseinander.

Sicher ist jedenfalls, dass langjährige, einschlägige Berufserfahrung einen höheren Stellenwert hat als der letzte Abschluss und dass dieser mit zunehmendem zeitlichem Abstand verblasst. Nichtsdestotrotz muss in vielen Positionen der akademische Abschluss belegt werden!

Zur Frage: »Was ist aussagekräftiger – Schul- oder Arbeitszeugnisse?« habe ich von Personalern und Arbeitgebern teilweise völlig widersprüchliche Aussagen erhalten. »Noten sagen eine Menge aus. Wenn ein Student gute Noten hat und gleichzeitig noch neben dem Studium aktiv war, so lässt dies vermuten, dass er auch im Beruf gute Leistungen erbringen wird«, so die eine Seite. »Schulnoten haben null Aussagekraft, Studienabschlussnoten nur bedingt. In Arbeitszeugnissen jedoch kann man viel zwischen den Zeilen lesen«, sagen die anderen.

Natürlich gibt es daneben auch viele Zwischentöne, ebenso wie Arbeitgeber, die Schul- UND Arbeitszeugnisse für wichtig halten. Generell gilt: Je enger der Markt und je mehr Bewerber es gibt, desto wichtiger werden Zeugnisse. Auch Noten spielen als Auswahlkriterium eine größere Rolle, wenn sich viele auf eine Position bewerben.

Darüber hinaus entscheidet die Firmengröße: Je größer ein Unternehmen, desto enger normalerweise sein »Screening«. Bei Trainee- oder auch Ausbildungsplätzen sind Noten, etwa mindestens 2,5 im Abitur, dann ein unumstößliches Auswahlkriterium.

Allgemeine Auswahlkriterien für die Anlagen

Bei den Anlagen gibt es keinerlei Gestaltungsspielraum? Von wegen! Durch clevere Auswahl können Sie Ihre Präsentation sehr wohl in die gewünschte Richtung lenken, zum Beispiel schlechte Noten durch andere Kenntnisse ausgleichen oder Akzente setzen.

Besitzen Sie Lob spendende Praktikumsnachweise? Damit können Sie Ihren schlechten Notendurchschnitt relativieren. Eine erfolgreiche Kreativstrategie ist es zudem, den (durchschnittlichen) Zeugnissen möglichst viele Nachweise und Bescheinigungen beizulegen, die persönlichen Einsatz belegen und Praxistauglichkeit zeigen. Auch Referenzen sind sinnvoll, um ein Gegengewicht zu mittelmäßigen Diploma oder Arbeitszeugnissen zu schaffen.

Doch Vorsicht: Ein Hochschulabsolvent kann es sich zwar erlauben, Nachweise über Vier-Wochen-Praktika beizulegen. Nach einigen Jahren im Job sollten Sie darauf aber besser verzichten. Vielleicht haben Sie im Laufe der Jahre den Kontakt zum ehemaligen Chef halten oder ihn jüngst beleben können? Dann nutzen Sie ihn jetzt doch als Referenz – die Angabe seiner Funktion, einer Telefonnummer und/oder E-Mail-Adresse genügt. Noch besser ist natürlich ein persönliches Schreiben aus seiner Feder.

Eine falsche Strategie wäre es, nur gute Zeugnisse beizulegen und die schlechten zu unterschlagen. »Ist doch in Ordnung, nur die Zeugnisse meiner langjährigen Arbeitgeber beizulegen«, so ein Bewerber. »Wenn ich bei XY nur ein Jahr war, brauche ich das doch nicht zu belegen, oder?«

Doch! Ein Personaler riecht die Lücke mit Sicherheit und wird Schlimmeres vermuten, als wirklich vorgefallen ist. Der bessere Weg: Gehen Sie die Sache offensiv an und erläutern Sie den Hintergrund schlechter Zeugnisse im Vorstellungsgespräch, wenn Sie darauf angesprochen werden oder die Frage spürbar im Raum steht. Wenn Sie zehn Jahre lang erfolgreich gearbeitet haben und nur bei einem Arbeitgeber »durchgefallen« sind, wird Ihnen niemand einen Strick daraus drehen. Lassen Sie sich möglichst ein kreatives Zeugnis ausstellen!

Haben Sie noch die Chance, auf Ihr Zeugnis einzuwirken? Dann bitten Sie Ihren Chef, Ihr Zeugnis individuell und persönlich zu formulieren – und nicht nur Standardfloskeln zu nutzen. Wenn Sie sich bewusst gegen die Verwendung von Zeugniscode entscheiden, sollte dies auch explizit durch einen Zusatz erwähnt sein: »Dieses Zeugnis ist frei von Codierungen.«

Je natürlicher und individueller, desto besser: Zeugnisse, die infolge einer Auseinandersetzung von Rechtsanwälten durchgesetzt werden, bestehen nämlich fast immer aus Standardtexten und strahlen selten persönlichen Charme aus. Ähnliches gilt für selbst geschriebene Zeugnisse: Da die Bewerber meist Textbausteine aus Büchern abschreiben, sind diese Zeugnisse verdächtig wohlgefällig und leicht austauschbar.

Bei Personalverantwortlichen erwecken auch »aalglatte« positive Formulierungen zunehmend Misstrauen. Es könnte ja sein, dass da jemand »weggelobt« worden ist – nach dem Motto: Wenn er bloß geht, dann kriegt er auch ein sehr gutes Zeugnis.

Auf Standardformulierungen kann zwar prinzipiell verzichtet werden – nur die abschließende Bewertungs- (»zur vollen/vollsten Zufriedenheit«) sowie die Grußformel (»für ihren weiteren beruflichen und privaten Lebensweg wünschen wir ihr nur das Beste und viel Erfolg«) sollte sich am Gewohnten orientieren, wobei auch hier Formulierungsvarianten von persönlichem Stil zeugen und signalisieren, dass es sich um einen Mitarbeiter handelt, für den man sich Mühe gibt.

Wer kreativ formulierte Zeugnisse liest, weiß, dass da jemand gute Arbeit geleistet haben muss – aus mindestens zwei Gründen: Erstens würde sich kaum ein Bewerber selbst so ein Zeugnis schreiben können (aus lauter Angst, doppeldeutige Formulierungen zu wählen, halten sich Abschreiber meist sklavisch an Handbücher). Zweitens würde sich kein Chef die Mühe machen, ein persönliches Zeugnis zu schreiben, wenn der Kandidat dieses nicht wirklich verdient hätte.

Wenn der Neue beim Alten anruft

Je wichtiger eine ausgeschriebene Position ist, desto wahrscheinlicher ist es, dass Ihr zukünftiger Arbeitgeber beim aktuellen oder ehemaligen Arbeitgeber anruft. Rechtlich gesehen ist dies nur möglich, wenn Sie vorher Ihr Einverständnis gegeben haben. Nicht alle halten sich leider an diese Regel.

Die Sekretärin eines Personalchefs verwechselte die Telefonnummern: Statt mit dem ehemaligen Chef von Susanne sprach sie mit deren Freund. »Nur so habe ich erfahren, dass hinter meinem Rücken Informationen eingeholt worden sind«, sagt die PR-Referentin (45.000 Euro Jahreseinkommen).

Früher lag die Grenze für solche Aktionen etwa bei einem Salär von 50.000 Euro. Inzwischen werden auch die Exarbeitgeber von geringer Verdienenden angerufen. Richten Sie sich darauf ein, und gehen Sie positiv mit dem Wunsch der Unternehmen um, Informationen einzuholen. Wenn Sie nicht wollen, dass Ihr möglicher neuer Arbeitgeber beim alten anruft, erklären Sie, warum das so ist, und nennen Sie gegebenenfalls eine alternative Referenz.

Halten Sie schon allein wegen der Möglichkeit von Führungswechseln lose den Kontakt zu Ihren ehemaligen Chefs, und verfolgen Sie deren weitere berufliche Laufbahn. Ihre ehemaligen Vorgesetzten sind aufgrund der Fluktuation in Unternehmen auch nach Jahren noch die Einzigen, die Ihre Leistung beurteilen können. Angenehmer Nebeneffekt: Je positiver der Kontakt »danach« sich gestaltet, desto positiver werden Sie auch im Nachhinein beurteilt werden.

Verwahren Sie zudem alle Beurteilungen und Zielvereinbarungen, in denen Sie gut bewertet worden sind. Auch damit können Sie schlechte oder mittelmäßige Zeugnisse ausgleichen. »Offizielle« Beurteilungen und Vereinbarungen können Sie auch dazu nutzen, um spezielle Kenntnisse zu belegen, die im Zeugnis nicht zum Ausdruck kommen.

Mitunter kann es auch zweckmäßig sein, einen Beleg für eine außerordentliche Gehaltserhöhung (»aufgrund der hervorragenden Leistungen erhöhen wir das Gehalt ...«) oder eine außerplanmäßige Zahlung beziehungsweise Gratifikation mit in Ihre Bewerbungsmappe zu geben, um Erfolge zu belegen, die sich aufgrund von Zeugnissen nicht nachweisen lassen (»Aufgrund des überaus erfolgreich abgeschlossenen Projekts überreichen wir Herrn XY einen Scheck über 3.000 Euro«).

Sinnvoll ist dies vor allem dann, wenn der Grund für die Zulagen mit der künftigen Arbeit korrespondiert. Ein Beispiel: Sie haben sich über Ihre eigentliche Arbeit hinaus im regionalen Sponsoring engagiert, obwohl dies nicht Bestandteil Ihrer Tätigkeit war – im nächsten Job gehört Sponsoring aber zu Ihren Kernaufgaben ...

Referenzen können Ihre große Chance sein

Je weniger Zeugnisse gefragt sind, desto mehr sind es Referenzen – vor allem in den höheren Jobetagen. Referenzen können einerseits offiziell auf dem Briefpapier einer Firma ausgestellt sein. Darin bescheinigt Ihnen etwa die Firma XYZ, hervorragende Arbeit beim Projekt ABC geleistet zu haben. Jederzeit würde Geschäftsführer Müller dies auch in einem persönlichen Gespräch bestätigen (die Telefonnummer mit Durchwahl gehört in diesem Fall natürlich dazu).

Referenzen können aber auch von Ihnen auf einem separaten Blatt Papier zusammengestellt werden. Und während Sie auf das Aussehen Ihres Zeugnisses nach seiner Erstellung nur noch wenig Einfluss haben, können Sie das Ihrer Referenzen bis zu einem gewissen Grad kreativ mitgestalten.

Also: Wer kann Gutes über Sie berichten, weiß von erfolgreich abgeschlossenen Projekten? Oft finden sich bei längerem Nachsinnen viel mehr mögliche Referenzgeber, als Sie zunächst gedacht hätten. Versuchen Sie, sich nicht nur an direkte Arbeitgeber zu erinnern, sondern an alle infrage kommenden Personen, die Ihre berufliche Leistung einschätzen können.

@ REFERENZEN

Hans Klein
Vorstand Formal AG, Frankfurt
Mein ehemaliger Vorgesetzter und Mentor 2001 bis 2004
Tel. 069 696969-9
E-Mail: Hans.Klein@formal.de

@

Sarah Müller
Dokumentationsleiterin bei der Formal AG, Frankfurt
Direkte Abteilungs-Vorgesetzte 2004 bis heute
Tel. 069 696969-8
E-Mail: Sarah.Mueller@formal.de

@

Angelika Ramal
Ehemalige Kollegin bei der Formal AG, heute Mitarbeiterin bei Datenwo & Co.
Mit ihr habe ich zahlreiche Projekte gemeinsam realisiert
Tel. 0641 00000000
E-Mail: a.ramal@datenwo.de

@

Gerald Meier
Geschäftsführer bei Meier & Meyer GmbH, Frankfurt
Partneragentur, mit der ich verschiedene Konzepte, beispielsweise zur Überarbeitung unserer Kundenzeitschrift, realisiert habe
Tel. 069 123456-7
E-Mail: Gerald.Meier@meiermeyer.de

@

Ophelie Ochsenroth
Vorstand des Vereins „Top on the Beach" (Beachvolleyball)
Frau Ochsenroth kann viel (Gutes) über meine PR-Arbeit für den Verein sagen
Tel. 0641 87654321
E-Mail: ophelie@toponbeach.de

@

Barbara Gerster
Projektleiterin bei der Sala GmbH & Co., Darmstadt
In ihrem Auftrag habe ich in einem Verbundprojekt technische Redakteure geschult
Tel. 06151 88888888
E-Mail: b.gerster@sala-gmbh.de

Ein Beispiel für eine DIN-A4-Seite mit Ansprechpartnern, die als Referenz dienen und gute Leistungen bestätigen können.

ADF Consult – Rieslingstraße 8 – 40472 Düsseldorf – Tel.: 0211 1234678 – E-Mail: mueller@adf-consult.info

Hartwig Gutwein
Garnichtstraße 15
40225 Düsseldorf

20. Juli 2008

Ich sage danke!

Während seiner Tätigkeit für ADF habe ich Herrn Tobias Meyer als sehr höflichen, aufgeschlossenen und zuvorkommenden Mitarbeiter kennen und schätzen gelernt.

Seine Aufgaben als Projektleiter hat er mit viel Engagement und Know-how wahrgenommen und zur großen Zufriedenheit aller gelöst.

Es ist sehr schade, dass sich unsere Wege wieder trennen! Bei Fragen eventueller Folge-Auftraggeber stehe ich jederzeit zur Verfügung.

Freundliche Grüße

Tobias Meyer
Geschäftsführer

So ein Lob kommt immer gut an! In diesem Fall hatte der Bewerber ganze zwei Wochen für die Firma gearbeitet – und eine Referenz fürs Leben erhalten (übrigens auf explizite Nachfrage).

Ist die Kirche, für die Sie ehrenamtlich EDV-Seminare geben, nicht auch eine Referenz? Oder die Agentur, mit der Sie im Auftrag Ihres damaligen Arbeitgebers gemeinsam den Messestand gestaltet haben? Die Zusammenarbeit war doch wirklich derart hervorragend, dass Ihre Projektpartner Sie über den grünen Klee loben würden, nicht wahr? Seien Sie findig und pfiffig, und denken Sie über den Tellerrand des Üblichen hinaus!

Beginnen Sie so früh wie möglich, Ihren Lebenslauf mit geeigneten Unterlagen zu »füttern«, indem Sie möglichst viele schriftliche Referenzen sammeln. Ein kurzer Satz, ein Dankeschön, eine Telefonnummer – das genügt! Informieren Sie aber die Referenzgeber über Ihr Bewerbungsvorhaben, damit sie bei eventuellen Anfragen gerüstet sind und sich auch sofort an Sie erinnern können …

Arbeitsproben – stellen Sie Kreatives kreativ zusammen

In kreativen Branchen sind Zeugnisse zweitrangig; hier zählen vor allem Arbeitsproben. Wie Zeugnisse versenden Sie diese online idealerweise als PDF. Webdesigner können zudem Screenshots (Bildschirmfotos) der von ihnen gestalteten Seiten erstellen. Dies ist optisch oft ansprechender, als einfach nur Links zu nennen, unter denen sich Arbeitsproben finden, und spart zudem den Mausklick ins Internet (und dem Personalbearbeiter damit Arbeit).

Bei der Zusammenstellung von Arbeitsproben haben viele Bewerber den Wunsch, ihr Können in seiner ganzen Vielfalt und Bandbreite zu zeigen und die Bestleistungen ganz besonders hervorzuheben. Auch aus Selbstverliebtheit möchten manche nicht auf bestimmte Arbeitsproben verzichten.

Indes: Ihr Arbeitgeber möchte nur schnell einen Eindruck gewinnen und sich nicht durch einen Arbeitsprobenwust oder Blätterwald hindurcharbeiten. Beschränken Sie daher Ihre Auswahl, und zwar nicht nur auf künstlerische Highlights. Beziehen Sie auch die »Brotgeber« mit ein – gut gelungene Alltagsarbeiten.

Überlegen Sie sich zunächst, was den potenziellen Arbeitgeber interessieren könnte, und stellen Sie Ihre Anlagen darauf basierend zusammen. Ein Beispiel: Als Grafiker sollen Sie künftig Buchcover gestalten. Legen Sie Ihrer Mappe daher möglichst nur Arbeitsproben bei, die Talent in diesem oder verwandten Bereichen belegen.

(Noch) keine Arbeitsproben vorhanden? Sie können auch unveröffentlichtes oder ungenutztes Material beilegen, wenn dieses Ihre Fertigkeit im angestrebten Bereich belegt. Wichtigstes Kriterium: Es muss zeigen, was Sie für Ihren neuen Arbeitgeber leisten können.

Gehen Sie kreativ mit den Arbeitsproben um: Vielleicht empfiehlt sich eine Collage mit Ausschnitten Ihrer Arbeiten oder eine Übersicht mit Screenshots (Bildschirmfotos). Auch Ihre Bewerbungsunterlagen selbst können als Arbeitsprobe dienen!

Bewerbungsfotos: Zeigen Sie sich in einem guten Licht

Den ersten Job nach dem Studium hatte Petra aufgrund ihres Bewerbungsfotos bekommen. »Wir haben gedacht: Die sieht nett aus, die stellen wir ein«, beichtete die Sekretärin irgendwann in einem persönlichen Gespräch. Der erste, fotografische Eindruck habe sich dann im Vorstellungsgespräch bestätigt. Das spricht zum einen sehr für Petras Bewerbungsfoto: Schließlich soll ein Foto ja positiv wirken, ohne falsche Erwartungen zu wecken. Es soll dazu beitragen, dass sich das Unternehmen im wahrsten Sinne des Wortes ein Bild von dem Bewerber machen kann.

Die Beichte war für Petra dennoch eine mittelschwere Katastrophe, die sie beinahe in eine Identitätskrise gestürzt hätte. Sollten Petras Qualifikationen etwa nur eine untergeordnete Rolle gespielt haben? (Durchaus denkbar!) Aufgrund dieses Erlebnisses hat Petra beschlossen, bei späteren Bewerbungen keine Fotos mehr von sich beizulegen.

Trotzdem ist sie in den nächsten zehn Jahren ihrer Laufbahn, in denen sie dreimal den Arbeitgeber wechselte, immer wieder zu Vorstellungsgesprächen eingeladen worden und hatte nie das Gefühl, dass das fehlende Foto der Grund für eine Absage gewesen sei. »Und wenn, dann wäre es mir auch egal gewesen«, sagt sie heute. Petra hat für sich die kreative Entscheidung getroffen, dass sie mit Worten und Fakten überzeugen möchte – nicht mit einem Bild.

Kreative Fotos

Deutschland ist ein komisches Land, finden Besucher, die die Bewerbungsgepflogenheiten bei uns beobachten. Überall auf der Welt ist es sonst üblich, sich ohne Foto zu bewerben – vor allem auch um Nachteile durch Alter oder Rasse auszuschließen. Nur bei uns besitzt das Foto einen hohen Stellenwert.

Und in der Tat lässt sich mit einem guten Foto viel erreichen, wie einen Eindruck hinzuzaubern und Neugierde zu erwecken. Das ist eine Chance, die Sie nutzen können. So lässt sich mit Bewerbungsfotos auch »spielen«: Sie können beispielsweise berufliche Ziele darauf abbilden oder Ihre Persönlichkeit im Porträt zum Ausdruck bringen.

Platz für solche kreativen Fotos ist am besten auf dem Deckblatt einer Bewerbung. Sie können es auch in ein Layout integrieren, etwa auf einem Flyer oder in einer handlichen Broschüre, wie Sie sich für Bewerbungen in den Bereichen Grafikdesign, Werbung oder auch Architektur anbietet. Auch in Portalen wie Xing.de ist ein kreatives Foto ein besonderer Aufmerksamkeitsbringer.

Eine Auswahl kreativer Fotos sehen Sie auf der folgenden Seite.

Kreative Fotos machen Sie besser nicht selbst, denn meist sieht man das »Handgemachte« – nicht immer ist das ein Vorteil.

Fotos können zudem in die falsche Richtung weisen. Wer sich von einem Fotokünstler in sanftem Licht festhalten lässt, wird möglicherweise einige Überraschung beim Live-Auftritt erzeugen. Menschen strahlen auf Fotos zudem Eigenschaften aus, die sie gar nicht wirklich verkörpern. So kann ein freundlicher, lockerer Bewerber zugeknöpft und spießig rüberkommen und so auf dem Foto einen völlig falschen Eindruck erwecken.

Beispiele für kreative Fotos.

Fotos sollten also auch authentisch sein und das spiegeln, was Sie sind und darstellen.

Entscheiden Sie deshalb nicht (nur) nach der Attraktivität Ihres Fotos. Fotografen und Freunde wählen unter verschiedenen Beispielen fast immer genau das Foto aus, das Sie selbst nicht nehmen würden. Der Grund dafür liegt darin, dass Sie sich selbst anders sehen als andere und an sich Maßstäbe in Sachen Attraktivität setzen, die andere nicht haben. Vertrauen Sie darauf, welche Fotos der Fachmann und/oder die guten Bekannten empfehlen.

Dann vermeiden Sie Erfahrungen wie die von Gabriela: Die Event-Managerin hatte sich von einem Düsseldorfer Modefotografen aufnehmen lassen und eine Menge Geld für ihre Fotos bezahlt. Sie war vollends von ihren Aufnahmen überzeugt. »Da komme ich doch wirklich gut rüber«, fand sie.

Als der Bewerbungserfolg ausblieb, zeigte sie das Foto einer Freundin. »Da siehst du ja aus wie eine 40-jährige Chefsekretärin«, bemerkte diese. Andere Personen aus Gabrielas Umgebung bestätigten diese Einschätzung: Das Foto passe überhaupt nicht zu einer 33-jährigen, dynamischen Event-Managerin. Gabriela wechselte daraufhin den Fotografen, denn ein gutes Foto war ihr wichtig, weil sie – anders als Petra – bewusst auch mit ihrem Äußeren punkten wollte.

➔ Ein Bewerbungsfoto ist heute oft nicht mehr zwingend notwendig – viele Firmen legen keinen Wert auf das Bewerberbild.

➔ Konservative Firmen werden Ihnen durch die Formulierung im Inserat (»Bitte senden Sie Ihre vollständigen Bewerbungsunterlagen ...«) signalisieren, dass für sie ein Foto dazugehört.

➔ Achten Sie auf eine natürliche Aufnahme, die Sie zwar in ein positives Licht setzt, aber nicht »modelliert«.

➔ Übertriebenes Make-up, tiefe Ausschnitte, exklusive Haarschnitte, auffällige Muster: Alles, was von ihrem Gesicht ablenkt, ist tabu. Tragen Sie Farben, mit denen Sie sich wohl fühlen und in denen Sie gut aussehen.

➔ Bezüglich kreativem Fotodesign und Bildbearbeitung am Computer (Schatten, Rahmen o. Ä.) lautet die Empfehlung: Verzichten Sie auf Experimente, und stecken Sie Ihre Kreativität lieber in die Ausarbeitung des Lebenslaufes.

➔ Wenn Sie in das Blatt hineinlächeln, wirkt dies meist sympathischer, als wenn Sie hinausblicken.

➔ Wenn Sie der Ansicht sind, Ihr Foto sei gelungen, dann überprüfen Sie die Wirkung, indem Sie es Freunden und Bekannten zeigen. Mitunter erzielen Sie nicht den erwarteten Eindruck – dann schadet das Foto eher, als dass es bei der Bewerbung nützt.

➔ Gerade Onlinebewerbungen kommen auch sehr gut »ohne« aus. Schicken Sie auf keinen Fall ein schlecht gescanntes JPG als einzelne Datei.

➔ Wenn Sie ein Foto in Ihre E-Mail-Bewerbung integrieren möchten, dann betten Sie es in die Unterlagen ein – zum Beispiel in den Lebenslauf.

➔ Die Initiative Proportrait setzt sich für mehr Qualität bei Porträtfotos ein. Hier finden Sie eine Auswahl von Fotografen, die sich unter anderem auf Bewerbungsfotos spezialisiert haben (www.proportrait.de).

➔ Bei kreativen Fotos achten Sie darauf, dass Foto und berufliches Ziel harmonieren.

Durchsicht gewinnt: Bewerbungsmappen

Mit Nadelstreifen, Goldaufdruck und Blümchen: Inzwischen liegen in allen Bürowarenläden Mappenvarianten ohne Ende. Auch im Internet werden Mappen gekauft, am liebsten dreigeteilte mit dem Aufdruck »Bewerbung«.

Doch Vorsicht: Die meisten Personal- und Fachverantwortlichen bevorzugen einfache, durchsichtige Mappen, wie es sie beispielsweise von Elba und Leitz gibt. Deren Vorteil: Sie lassen Ihre Kreativität durchscheinen und sind nach dem Rücksenden meist noch mal verwendbar.

Bei den Mappen gilt es nicht, Kreativität um jeden Preis zu wahren. Schaffen Sie sich vielmehr eine Mappe an, die zu Ihrer Bewerbung passt und die zugleich praktisch ist. Da klassische Postbewerbungen meist intern kopiert werden, spricht einiges gegen die Variante mit Einschub in eine Schiene: Es ist schwierig, das Papier hier sauber einzuschieben, wieder rauszuholen und erneut einzuschieben.

Praktische Erwägungen sprechen auch gegen die Bindung – es sei denn, Sie richten Ihre Bewerbung an eine Agentur oder kleinere Firma, in der die Kreativität Ihrer Mappe sowieso mehr Beachtung finden wird.

Auch im Internet werden ansehnliche Bewerbungshüllen vertrieben: So verkauft beispielsweise das Schreibbüro Wellinghoff unter *www.bewerbungsmappen.de* inzwischen sogar Mappen, auf die Sie Ihren Namen aufdrucken lassen können. Leider dominieren hier noch die dreiteiligen Mappen das Geschäft. Erhältlich sind allerdings auch einteilige Pappmappen. Eine exklusive Variante mit besonderem Clip hat die Firma Creative PaperXpress unter *www.cpx-online.de* im Angebot. Angenehm, dass auf deren Mappen der Aufdruck »Bewerbung« fehlt.

Weiterhin finden Sie im Handel und bei Onlineanbietern attraktive Verpackungen: edle Stücke in Silber mit transparenten Halterungen, bordeauxrote aus rustikaler Pappe mit Klemmschienen oder Mappen mit perlmuttartigem Schimmer.

Kreative, die sich zum Beispiel in der Werbebranche bewerben, basteln ihre Mappen größtenteils selbst. Meist unterscheiden sich diese Mappen durch ihr Format, sind quadratisch mit Spiralbindung oder aufgebaut wie ein Taschenkalender. So entscheidend ist die richtige Verpackung in dieser Branche, dass die Bastelrezepte streng geheim gehalten werden. Eine Kunst ist oft allein schon die Papierbeschaffung! Teures, strukturiertes Naturpapier oder edles Chromolux sind die favorisierten Sorten, die sich in den benötigten kleinen Mengen oft nur über Druckereien und Grafikbüros beschaffen lassen. Einen solchen Aufwand müssen Sie nur betreiben, wenn die Bewerbung für Sie zugleich eine Arbeitsprobe ist – in der Regel im kreativen Bereich, also Designer, Texter, Konzeptioner.

Alle anderen machen die Kreativität der Mappe vom Ziel abhängig. Wer sich als Journalist in einer Sportredaktion bewirbt, punktet mit einer kleinen Bewerbungszeitung, die ein Cover, ein Editorial und drei, vier Artikel enthält (etwa ein Porträt und ein Interview). Die Verpackung ist hier das Cover.

Mitunter kann auch ein mit einer Collage beklebter Deckel Aufmerksamkeit erregen – je nachdem, auf was

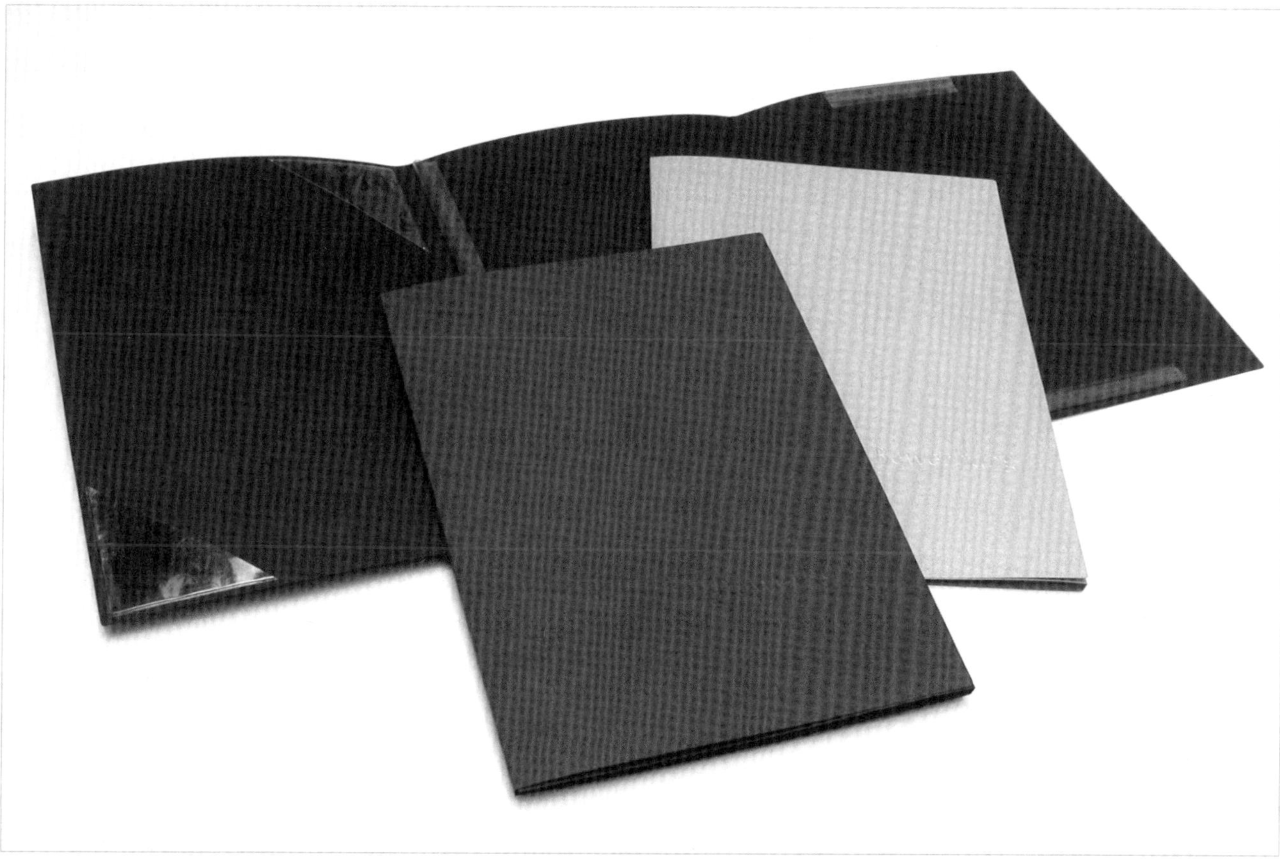

Drei Bewerbungsmappen von ganz unterschiedlicher Qualität. Achten Sie darauf, dass die Mappe zu Ihrer Bewerbung passt. Mit grellen Farben sollten Sie grundsätzlich vorsichtig sein. Auf den größten gemeinsamen Nenner mit dem Allgemeingeschmack und den Vorstellungen von »seriös« kommen Sie mit der Farbe Bordeauxrot und noch mehr mit allen matten Blautönen. Mutiger sind Silber oder auch Naturtöne.

Grau wirkt schnell wie »graue Maus«, kann aber auch edel aussehen, wenn es sich um ein ansprechendes Material handelt. Schwarz ist in bestimmten Branchen akzeptiert (zum Beispiel bei Architekten), doch normalerweise mit Vorsicht zu genießen.

für eine Art von Stelle und bei welchem Unternehmen Sie sich bewerben. Auch ein Flyer braucht keine weitere Verpackung.

Eine ganz schlichte Alternative bieten durchsichtige Plastikschienen, diese wirken wie eine ungerahmte Brille, und mit Pappe auf der einen und Klarsichtfolie auf der anderen Seite erhalten Ihre Unterlagen Stabilität.

Eine sehr edel anmutende Mappe, die wie eine Menükarte daherkommt, passt zu einer ebenso gestalteten Bewerbung. Ist Ihre Bewerbung farbenfroh, so darf ruhig auch das Cover einen Farbtupfer bieten.

Das Vorstellungsgespräch: So punkten Sie mit Pfiff

Werden Sie den aufgebauten Erwartungen gerecht

»Das haben Sie ja gut hingekriegt – Ihre Bewerbung war mit Abstand die beste!« Eine nette Einleitung für ein Vorstellungsgespräch und ein schönes Kompliment. Doch wundern Sie sich nicht, wenn gleich eine kleine Spitze hinterhergeschnellt kommt: »Sie geben sich ja ganz schön selbstbewusst, sind Sie immer so extravagant?« Oder: »Tolle Bewerbung, aber haben Sie neben dem Zeichnen auch noch Zeit zum Arbeiten?«

Eine Bewerbung, die aus dem Rahmen fällt, kann im Einzelfall »gemeine« Fragen provozieren. Möglicherweise will man Sie dadurch gezielt verunsichern, vielleicht sind solche Bemerkungen aber auch nur ironisch gemeint. Mehr noch als bei Kandidaten mit einer Standardbewerbung werden die Personalverantwortlichen versuchen, ein durch die Bewerbungsunterlagen entstandenes Bild zu hinterfragen: Sind Sie wirklich so? Halten Sie den Erwartungen stand?

Bei einer Einladung auf Basis einer 08/15-Bewerbung muss sich der Gesprächspartner dieses Bild erst noch machen. Dann haben Sie ganz »normale« Fragen zu erwarten, wie jeder andere Bewerber auch. In jedem Fall sollten Sie sich der Wirkung Ihrer Unterlagen bewusst sein und auch deren Inhalt ganz genau kennen. Am besten rüsten Sie sich schon vor dem Gespräch mit möglichen Antworten auf mögliche Fragen.

Haben Sie mit einer besonders gut gemachten Bewerbung eine (hohe) Erwartungshaltung geweckt, sind Sie im Vorstellungsgespräch bereits einen Schritt weiter als die Konkurrenten mit einer Schema-F-Bewerbung. Jetzt gilt es, diesen Vorteil weiter auszubauen, denn: Stimmt jetzt auch noch Ihr Auftreten und halten Sie der Überprüfung stand, haben Sie gewonnen. Das Wichtigste für Sie ist dabei, Stimmigkeit zu erzeugen. Es darf keinen Bruch zwischen Ihrer Bewerbung und dem persönlichen Auftreten geben.

Mitunter liegen viele Wochen zwischen Bewerbung und Einladung zum Vorstellungsgespräch. Mit der Zeit aber verschwimmt die Erinnerung an Ihre Unterlagen. Viele Bewerber verwechseln Bewerbungen an verschiedene potenzielle Arbeitgeber miteinander, erinnern sich nicht mehr an Details oder ordnen diese falsch zu. »Hatte ich Ihnen denn gar nicht den Nachweis über das Auslandspraktikum beigelegt?« – Peinlich, peinlich: An so etwas sollten Sie sich unbedingt erinnern!

Fertigen Sie daher Kopien von jeder verschickten Bewerbungsmappe an, und holen Sie die Unterlagen spätestens am Abend vor dem Vorstellungsgespräch wieder hervor. Mit dem zeitlichen Abstand ergibt sich oft ein ganz neuer Blickwinkel auf das Geschriebene. Wahrscheinlich geht Ihnen in einigen Punkten ein Licht auf: »Das ist aber missverständlich« oder: »Das lässt Fragen offen …«.

Überlegen Sie sich Fragen, die sich auf dieser Basis ergeben könnten, und legen Sie sich Antworten zurecht. Wo sind unklare Formulierungen enthalten? Was lässt sich aus dieser oder jener Aussage schließen, wie lässt sie sich weiterdenken? Lässt sie sich vielleicht auch falsch interpretieren? Wenn ja: In welche Richtung könnten die Gedanken gehen? Legen Sie sich Antworten zurecht, aber lernen Sie diese nicht auswendig, denn das würde gekünstelt und wenig spontan wirken.

Zuletzt ein paar allgemeine Hinweise zum Verhalten in Vorstellungsgesprächen: Streichen Sie Füllwörter wie »man«, »äh« und »eigentlich« aus Ihrem Wortschatz. Formulieren Sie stets positiv, also verzichten Sie auf »nein« und »nicht«. Stellen Sie selbst möglichst offene Fragen, also Fragen, die nicht mit einem einfachen Ja oder Nein beantwortet werden können. Und: Hören Sie aktiv zu. Wenn etwas nicht ganz klar ist, haken Sie nach. Trauen Sie sich auch, Gegenfragen zu stellen. »Wie sehen Sie denn die Entwicklung im Bereich XY?«

Gewinnen Sie mit vielen Fragen und Ihrer Körpersprache

Da Sie im Vorstellungsgespräch die Mimik Ihres Gesprächspartners beziehungsweise Ihrer Gesprächspartner mitverfolgen können, haben Sie die Chance, sofort und situativ auf Ihr Gegenüber zu reagieren. Damit können Sie eher punkten als mit den Standardantworten auf die Standardfragen. (»Wo sehen Sie sich in fünf Jahren?« »Natürlich möchte ich in meinem Beruf weitergekommen sein und in Ihrem Betrieb eine verantwortungsvolle Position innehaben.«) Versuchen Sie, möglichst individuell zu antworten.

Wissenschaftler haben herausgefunden, dass in einer Präsentation nur 7 Prozent des Gesamteindrucks, den man vom Gegenüber erhält, durch das Wort bestimmt werden. Zu 55 Prozent entsteht dieser durch die Körpersprache und zu weiteren 38 Prozent durch die Stimme. Diese Erkenntnis lässt sich auf das Vorstellungsgespräch als eine Form der Selbstpräsentation übertragen. Machen Sie sich deutlich, dass der Inhalt des Gesagten weit weniger wichtiger ist als Ihre Wirkung insgesamt.

Nicht dass Ihr Wort unwichtig wäre, im Gegenteil: Ihre Aussagen sind die Basis, sie müssen stimmen und stimmig sein. Aber es beeinträchtigt Ihre Wirkung kaum, wenn Sie sich einmal verheddern oder nicht die passenden Worte finden. Kleine Patzer kommen beim Gegenüber sogar oft gar nicht an – vor allem dann nicht, wenn Sie selbst positiv damit umgehen und das Augenmerk nicht darauf lenken. Beruhigend zu wissen, oder?

Wenn Sie mit Ihrem Gesprächspartner in den Dialog treten, ist Blickkontakt das Nonplusultra. Schauen Sie Ihrem Gegenüber in die Augen, beziehungsweise schenken Sie Ihre Aufmerksamkeit reihum allen Anwesenden. Auf diese Weise beziehen Sie die komplette Runde in das Gespräch mit ein, wobei der Fokus auf dem jeweils Sprechenden liegen sollte. Zwischendurch können Sie Ihren Blick auch schon mal lösen: Eine zu feste Augenbindung kann beunruhigend oder irritierend wirken.

Ein weiterer Trick, um den Gesprächspartner zu überzeugen, ist die Synchronisierung der eigenen mit dessen Körpersprache. Stimmen Sie Ihre Bewegungen auf die des Gegenübers ab. Dies wirkt so lange sympathisch, wie Ihre Gestik natürlich und unverkrampft ist.

Beobachten Sie sich einfach einmal selbst, beispielsweise im Gespräch mit einem guten Bekannten: Je intensiver Ihre Diskussion oder Plauderei, desto mehr wird sich Ihre Körperhaltung annähern. Vielleicht stützen Sie beide gleichzeitig die Arme auf oder sitzen mit nach vorne gebeugtem Oberkörper da und erzählen mit den Händen. In jedem Fall wird das Bild, das Sie widerspiegeln, Nähe ausdrücken. Im Streit oder in einer unbefriedigenden Diskussion dagegen gehen Sie automatisch auf Abstand, kreuzen die Arme oder wenden sich mit dem Körper vom Gegenüber ab.

Solche Gesten gilt es im Vorstellungsgespräch zu vermeiden. Versuchen Sie stattdessen, mit Ihrem Körper Nähe und Verstehen auszudrücken. Das kann durch leicht auf den Tisch aufgelegte Arme, eine dezent vornübergebeugte Haltung oder auch lebhafte Handbewegungen geschehen. Doch Vorsicht vor allzu offensichtlichem Kopieren: Üben Sie das Synchronisieren, bevor Sie damit in ein Vorstellungsgespräch gehen! Verleugnen Sie mit Ihrer Körpersprache auch nicht Ihre eigene Persönlichkeit. Sind Sie sehr lebhaft und gestikulieren gerne wild, so müssen Sie sich nicht völlig zusammennehmen, nur weil Ihr Gegenüber ruhig und weitgehend bewegungslos vor Ihnen sitzt.

Ihre Stimme können Sie ohne ein spezielles Training nur sehr begrenzt beeinflussen. Eine tiefe, ruhige Bauchatmung beeinflusst deren Wirkung positiv. Darüber hinaus können Sie auch durch das Sprechen selbst Akzente setzen. Die meisten Bewerber erzählen ohne Punkt und Komma, wenn sie dazu aufgefordert werden, ihren bisherigen Lebenslauf nachzuzeichnen (was Bestandteil der meisten Vorstellungsgespräche ist).

Machen Sie Pausen und lenken Sie die Aufmerksamkeit ganz gezielt auf Stationen, die Sie betonen möchten. Der Lebenslauf liegt den Verantwortlichen vor. Da ist es legitim, sich auf drei bis maximal vier einzelne Aspekte zu konzentrieren, die für die angestrebte Position wichtig sind. Bleiben dabei Fragen offen, so wird man Ihnen diese sicher stellen.

Schildern Sie Ihre bisherigen Tätigkeiten und Erfahrungen stets so, dass das Gegenüber möglichst Informationen erhält, die es verwerten kann. Sagen Sie also nicht: »1998 bin ich zum Key Account Manager befördert worden« – hier liegt die Betonung zu stark auf dem weniger wichtigen Datum. Sondern: »Als Key Account Manager hatte ich seit 1998 die Verantwortung für ein Team von 25 Außendienstmitarbeitern« (Betonung auf der Personalverantwortung).

Ein wirksames Mittel, um selbstbewusst und sympathisch anzukommen, ist die direkte Ansprache mit Namen: »Was Sie von der Aufgabe berichtet haben, Herr Meyer, hört sich spannend an und entspricht genau meinen Vorstellungen. Was mich auch noch interessieren würde: Ist die Tätigkeit international ausgerichtet?«

Versuchen Sie, möglichst die ganze Runde (falls vorhanden) einzubinden. Auch wenn vorwiegend der Personalchef spricht: Richten Sie zwischendurch ruhig einmal eine Frage an den Fachverantwortlichen. Der Fachverantwortliche ist schließlich derjenige, mit dem Sie später direkt zusammenarbeiten müssen. Fallen Sie bei ihm durch, so nutzt Ihnen auch die positive Beurteilung durch die Personalabteilung wenig.

Bei der Verabschiedung empfiehlt es sich, sich ganz unkreativ an Höflichkeitsregeln zu halten. Geben Sie zum Beispiel zuerst den anwesenden Damen die Hand.

Beachten Sie auch den Sekretär oder die Sekretärin beim Hinausgehen, und verabschieden Sie sich freundlich von ihr. Meist beobachtet sie die Bewerber ganz genau und ist bestens über den Auswahlprozess informiert. Wenn Sie bei ihr einen guten Eindruck hinterlassen, kann dies durchaus direkte Auswirkungen für Sie haben. Eine Plauderei kann Ihnen helfen, Sympathien zu wecken und einen Wettbewerbsvorteil bedeuten.

➔ Legen Sie sich Antworten auf mögliche Fragen zurecht, aber lernen Sie diese nicht auswendig.

➔ Ihre Worte sind weniger wichtig als Körperausdruck und Stimme. Achten Sie deshalb auf einen positiven, dem Gesprächspartner zugewandten Ausdruck und auf Blickkontakt.

➔ Verhalten Sie sich situativ, und passen Sie Ihre Reaktionen den Gesprächspartnern an.

➔ Stellen Sie Fragen! Wählen Sie dazu vor allem »offene« Formen, die sich nicht nur mit Ja oder Nein beantworten lassen, denn dadurch fördern Sie die Entwicklung eines Dialogs und finden zudem vieles über die Firma heraus, was Sie im weiteren Verlauf dieses oder eines eventuellen Folgegesprächs verwerten können.

➔ Höflichkeit ist Trumpf – diese Grundregel sollten Sie immer beachten. Beziehen Sie alle Personen, die Sie vor und nach dem Vorstellungsgespräch treffen, dabei mit ein.

Tipps für spezielle Zielgruppen

Kreative Bewerbung vorbei an der Personalabteilung

In manchen Branchen und bei bestimmten Berufen gelten andere Bewerbungsgesetze. Nehmen wir zum Beispiel die Journalisten: Die Auswahl künftiger Redakteure findet nur selten mithilfe einer Personalabteilung statt, sondern geschieht fast immer durch den zuständigen Ressortleiter oder den Chefredakteur. Dieser hat einen viel individuelleren Blickwinkel auf die Anforderungen, die ein Bewerber erfüllen soll, als ein Personaler.

In kleiner, intimer Runde findet auch die Auswahl von Kanzleianwälten oder Architekten statt. Sicher, fachliche Kenntnisse sind grundlegend, aber im Vorstellungsgespräch entscheiden oft mehr Sympathie und die Vorlieben des Chefs. Den »Künftigen« möglichst genau kennenzulernen ist deshalb eine erfolgversprechende Strategie für Bewerber in diesen Branchen.

Bringen Sie vor dem Gespräch in Erfahrung, wie sich der Boss kleidet, wie er sich gibt, was er mag und was er nicht mag. Das bedeutet jedoch nicht, dass Sie sich diesen Vorlieben anpassen und ihm etwas vorspielen sollten. Auf keinen Fall sollten Sie sich um jeden Preis »verkaufen«, nur um die Stelle zu bekommen.

Sehen Sie das Vorstellungsgespräch stattdessen auch für sich selbst als Gelegenheit auszuwählen. Wenn Ihnen der künftige Chef im Vorstellungsgespräch nicht grün ist oder umgekehrt, so schaffen Sie auch im Arbeitsalltag vermutlich keine Annäherung. Unzufriedenheit ist da vorprogrammiert.

Allerdings kann ein erster Eindruck leicht täuschen – auf beiden Seiten. Um auf der sicheren Seite zu sein, empfiehlt sich ein Probearbeitstag. Bei dieser Gelegenheit lernen Sie auch gleich das Umfeld und die Kollegen kennen. Das minimiert die Gefahr böser Überraschungen.

Kreative Bewerbung für Quereinsteiger

Marius hatte zwölf Jahre lang als technischer Redakteur in der Automobilbranche gearbeitet. Doch dann war die Luft raus: »Es machte mir einfach keinen Spaß mehr.« Zu der Zeit entdeckte er sein Faible für Werbung: Er übernahm das Marketing und die Pressearbeit für seine Beachvolleyball-Mannschaft. Eine Riesenherausforderung, die er ehrenamtlich wahrnahm.

Schließlich entschied er sich für ein Abendstudium an der Marketingakademie und absolvierte in zwei Jahren ein berufsbegleitendes Studium zum Marketingfachwirt. So gerüstet, suchte er zielgerichtet den Quereinstieg in der Marketingabteilung von Automobilkonzernen. Seine Hauptargument: die sehr gute Branchenkenntnis. Praxiserfahrung attestierte das private PR-Projekt. Darüber hinaus legte er seinen Unterlagen ein detailliert ausgearbeitetes Vermarktungskonzept für ein von ihm erfundenes Zwei-Liter-Stadtauto bei – samt eigenen Zeichnungen. »Damit wollte ich zeigen, dass ich mich auskenne und gute Ideen habe.« Schon das zweite Unternehmen gab dem Quereinsteiger eine Chance.

Als Quereinsteiger müssen Sie prinzipiell noch kreativer vorgehen als Berufseinsteiger und Jobwechsler. Ihre Bewerbung muss eine regelrechte Überzeugungskampagne sein, die aus mehreren Schritten besteht:

➔ Wie begründen Sie Ihren Wechsel in ein anderes Metier? Überlegen Sie sich möglichst viele Argumente, schreiben Sie diese auf, und gewichten Sie sie nach ihrer Bedeutung – zunächst einmal nur für sich selbst.

➔ Überlegen Sie sich dann, welche Argumente einen möglichen Arbeitgeber überzeugen könnten, dass Sie der Richtige sind. Markieren Sie diese entsprechend.

➔ Suchen Sie sich Ihre Wunscharbeitgeber und die dort für Ihren jeweiligen Bereich verantwortlichen Ansprechpartner heraus.

➔ Starten Sie einen Initiativanruf, und überzeugen Sie die Gesprächspartner mithilfe Ihrer Argumenteliste. Fragen Sie nicht: »Suchen Sie noch Produktmanager?« (auf eine solche Frage lässt sich zu leicht mit »nein« antworten), sondern stellen Sie sich zuerst vor.

➔ Man will Ihnen partout keine Chance geben? Denken Sie an das Sprichwort: »Was der Bauer nicht kennt …« Bitten Sie den Verantwortlichen, einmal in das Unternehmen hineinschnuppern und ein Praktikum absolvieren zu dürfen. Viele Praktikanten werden vom Fleck weg übernommen – jedenfalls wenn es um »normale« Unternehmen geht, die nicht etwa Praktikanten als günstige Arbeitskräfte ausnutzen, wie es in der Agenturszene vielfach der Fall ist.

➔ Bewerbung gefragt? Bringen Sie in Ihren schriftlichen Unterlagen sowohl Ihre Wechselmotivation als auch die Argumente, warum man gerade Sie einstellen sollte, auf den Punkt.

➔ Nichts vorzuweisen? Erstellen Sie vorab eine Arbeitsprobe, die zeigt, was Sie können.

Kreativ-Profil für Freiberufler

Schauspieler, Sänger, Animateure, Übersetzer, Dolmetscher, Trainer, Sprecher etc.: Zahlreiche Berufsgruppen sind entweder gar nicht oder nur zeitweise angestellt. Statt eines Jobs für die nächsten Jahre suchen sie Aufträge für die nächste Zeit. Dicke Bewerbungsmappen brauchen sie nicht: Normalerweise bewerben sich Freiberufler mit einem Profil, auf dem die für den jeweiligen Job relevanten Infos zusammengestellt sind. Hinzu kommen Arbeitsproben: Radiosprecher ergänzen ihre mit einer Sprechprobe, Schauspieler mit Fotos und einem Video. Auf ein Video setzen auch Keynote-Sprecher und Trainer.

Profile können ganz unterschiedlich aussehen, Stichpunkte zusammenstellen oder als zusammenhängende Texte beinhalten. Entscheidend sind die richtigen Infos: Bei einem Übersetzer sind das Auftraggeber, Sprachen und Themen, bei einem Schauspieler Filme, Rollen, Gewicht, Größe, Sportarten und Dialekt. Das Profil ist auch ideal für alle, die unterschiedlichen Tätigkeiten nachgehen. Es sollte nicht länger als eine Seite sein.

DANIELA EFFERZ

freischaffende Künstlerin
Spricht, singt, spielt, tanzt

Herzlich willkommen!

Sprechen, singen, spielen, tanzen

- **Die Stimme** für Hörbuch, Hörspiel und Radio.
- **Das Gesicht** für Messen und Werbung.
- **Der Stern** in Musicals und auf Veranstaltungen.
- Besonderheit: Betreuung und Motivation von **Kindern** am Set.

Meine Eckdaten

- Spielalter 30–40 Jahre
- Gewicht: 62 kg
- Größe: 1,78 cm

Meine Auftraggeber (u. a.)

- Stage Entertainment
- Hamburg Musical GmbH
- Deutsche Telekom AG
- Clubhotels Iberica
- Hilton Hotels & Resorts
- Autostadt Wolfsburg
- und andere

Mein Hintergrund

- Ausbildung zur Bühnendarstellerin an der Hamburger Stage School
- Diplom-Wirtschaftsingenieurin (FH)
- Abitur
- Langjährige Erfahrung in Ballett und klassischem Tanz

Referenzprojekte (Auswahl)

- Anna im Musical „ABBA"
- Sprecherin im „Ohrenbär" (z. B. Serafina Kloß)
- Dolly in „Hello Dolly"
- Elefant und Affe im Dschungelbuch

Meine Besonderheit

... ist die rauchige, erwachsene Stimme. Als ausgebildete Bühnendarstellerin bin ich zudem überall dort einsetzbar, wo Gesang, Tanz und Schauspielerei zugleich gefragt sind. Besonders gern spiele ich Rollen in Kindermusicals und bin zudem einsetzbar als Animateuse für Kinder am Set.

Beispielstraße 46 – 13167 Berlin – 0172 2313131331 – daniela.efferz@gmx.de

Kreative Bewerbung für Führungskräfte

Führungskräfte – Manager ab der mittleren Ebene – brauchen Know-how und Berufserfahrung und keine durchgestylte Bewerbung. Ab einer gewissen Hierarchieebene lässt sich ohnehin wieder leichter durchatmen, existieren doch nur noch wenige Konkurrenten (wenn diese auch oft kräftig an Ihrem Stuhl sägen) – jedenfalls innerhalb einer Branche. Und meistens bleiben die höheren Manager ja wie die Schuster bei ihren Leisten: in der Automobil-, der Bau- oder der IT-Branche. Dort, wo »man« sich kennt.

Als erfahrene Führungskraft ist es auch nicht mehr notwendig, um jeden Preis aufzufallen. Ein Manager mit Verantwortung für 50 Mitarbeiter soll stundenlang an einer Bewerbung herumtüfteln und sein Augenmerk darauf legen, schicke Layouts zu basteln? Der soll sich mit anderen Dingen beschäftigen, wird sich mancher Arbeitgeber sagen und so viel Gestaltungsehrgeiz eher negativ bewerten!

Als Führungskraft haben Sie es nicht mehr nötig, sich in der Ausarbeitung von Details zu verlieren; dafür gibt es andere Leute. Es reicht, wenn die Optik einigermaßen stimmig ist, die Bewerbung gepflegt aussieht und Ihre Motivation sowie Ihre Ziele zum Ausdruck bringt.

Doch Managementebene und Kreativität schließen sich nicht aus – schließlich kennt Ideenreichtum viele Facetten. Und das »Bunte« ist nur eine Spielart davon. Kreativ ist es auch, Wege zu finden, die eigenen Erfahrungen und Qualifikationen im Lebenslauf so zu präsentieren, dass sich der Leser ein optimales Bild machen kann.

Die Höhe des Budgets und die genaue Führungsverantwortung sind schon gute Hinweise, ebenso die Angabe, ob Handlungsvollmacht oder Prokura bestanden hat. Die Aufgaben sollten so konkret wie möglich beschrieben, die wichtigsten Erfolge aufgeführt werden.

Für Sie als Führungskraft wird die schriftliche Bewerbung kaum relevant sein. Nur sehr selten bewerben Sie sich direkt auf ein Stelleninserat. Viel typischer ist es, dass ein Manager sich bei einem Personalberater meldet oder von einem Headhunter gefunden wird. Dieser wird ihn bei der Erstellung seiner Unterlagen unterstützen. Da er seine »Pappenheimer« kennt, weiß er auch, worauf es dem jeweiligen Unternehmen ankommt.

Peter, Verkaufsleiter in der Druckindustrie, berichtet:

»Als ich meinen Job wechseln wollte, habe ich meine Kontakte spielen lassen und dann auch bei einigen Headhuntern angerufen. Es gibt da ein paar, die sich in meiner Branche gut auskennen. Der Personalberater entscheidet nicht aufgrund von schriftlichen Unterlagen. Er muss aber möglichst viel möglichst genau wissen, um die Fähigkeiten und Einsatzgebiete richtig einschätzen zu können. Das schriftlich auf den Punkt zu bringen, fiel mir schon sehr schwer. Ich habe tagelang darüber nachgedacht, wie ich meine Tätigkeiten am besten beschreibe. Bei der Erstellung der schriftlichen Unterlagen habe ich mir dann helfen lassen. Die Mappe hat oft sowieso nur einen formalen Sinn, finde ich.«

Kreativstrategien für Mütter und Väter als Wiedereinsteiger/-innen

Sie haben während Ihrer Elternzeit viele wertvolle Dinge gelernt, die Ihr Arbeitgeber nutzen und von denen er profitieren kann. Organisationstalent etwa: Fast alle Mütter bekommen ein anderes Gefühl für Abläufe, lernen Zeit besser und effektiver zu nutzen – selbst solche Mütter, die als berufstätige Frauen vorher richtige Chaotinnen waren.

Dafür verlieren Sie aber auch etwas: Flexibilität – oder besser: Spontaneität. Ungeplante Überstunden, plötzliche Wochenendarbeit, der Kneipenbummel nach Büroschluss – Freiräume (auch den Freiraum, mehr zu arbeiten) schaffen Sie sich nur durch vorherige Planung und noch bessere Organisation.

Je kürzer Sie aus dem Beruf aussteigen, desto leichter fällt es hinterher, den Anschluss wiederzufinden. Ein halbes Jahr oder Jahr verkraftet Ihr Lebenslauf problemlos. Wenn Sie dagegen mehrere Jahre »ausfallen«, wird der Wiedereinstieg tatsächlich wieder zum Einstieg. Sie müssen womöglich kleiner anfangen, als sie aufgehört haben. Nur selten können Sie exakt dort anknüpfen, wo Sie nach einigen Jahren im Beruf und dem Erklimmen verschiedener Gehaltsstufen zuletzt standen.

Wenn Sie die Möglichkeit dazu haben, dann verhindern Sie, es überhaupt zum Wiedereinstieg kommen zu lassen – indem Sie gar nicht erst richtig aussteigen. Halten Sie den Kontakt zu Ihrer Firma, übernehmen Sie so früh wie möglich Vertretungen und Aufträge. Setzen Sie auf Weiterbildungen: Damit zeigen Sie Engagement und halten sich auf dem Laufenden.

Freiberufliche Tätigkeiten sind eine tolle Alternative für Journalistinnen, PR- und Marketingfrauen, Texterinnen, Designerinnen, Hebammen: Sie machen sich einfach selbstständig und arbeiten auf eigene Rechnung. Am Anfang stehen ganz wenige Aufträge, später immer mehr … Oft können Sie dabei sogar von zu Hause aus arbeiten und Ihre Arbeitsphasen in die Schlafenszeiten des Kindes beziehungsweise der Kinder legen. Wer während der Erziehungszeit selbstständig war, hat später keine Pause im Lebenslauf.

Doch nicht jede Frau hat diese Chance, und nicht jede will sofort wieder arbeiten. Und so stehen viele Frauen vor der schwierigen Aufgabe, den Sprung ins Berufsleben ein zweites Mal zu schaffen. Auch hier helfen Ihnen ungewöhnliche Herangehensweisen – nicht nur an den möglichen Arbeitgeber, sondern auch an die eigenen Vorstellungen.

Durch Flexibilität erhöhen Sie Ihre Chancen auf einen Wiedereinstieg erheblich. Die meisten Mütter möchten nicht mehr als 20 Stunden wöchentlich arbeiten, und das am liebsten vormittags. Mit der Bereitschaft, zwei oder drei volle Tage pro Woche oder nachmittags zu arbeiten, haben Sie schon einmal ein größeres Repertoire als Ihre Mitbewerberinnen – benötigen allerdings auch einen Ganztagesplatz im Kindergarten oder eine Tagesmutter.

Fragen Sie sich daher im Vorhinein: Was sind Ihre beruflichen Ziele? Wie und wo können Sie diese erreichen? Wenn Sie mehr als nur einen Job, eine Karriere, anstreben, empfiehlt sich ein familienfreundlicher Arbeitgeber. Unter *www.berufundfamilie.de* oder *www.total-e-quality.de* finden Sie eine Liste von Firmen – darunter Volkswagen und die Deutsche Bahn –, die sich die Vereinbarkeit von Kind und Familie auf die Fahnen geschrieben haben und dafür prämiert worden sind. In solchen Unternehmen haben Sie gute Chancen, auch verantwortungsvolle Aufgaben in Teilzeit auszuführen.

Bei den Bewerbungsunterlagen sollten Sie den Zeitraum Ihrer Familienpause mit der Auflistung möglichst vieler berufsrelevanter Tätigkeiten ausfüllen. Dafür empfiehlt sich ein Brainstorming: »Was habe ich gemacht? Was habe ich gelernt? Wofür habe ich mich engagiert?«. Denken Sie nach, auch wenn Ihnen zunächst nur die Sandkiste einfällt, deren Bau Sie gegen den Wunsch der Eigentümergemeinschaft durchgesetzt haben.

Vielleicht haben Sie Ihren Mann ja beim Aufbau seiner Selbstständigkeit unterstützt (wenn auch nur durch ein paar Anrufe im spanischsprachigen Ausland). Möglicherweise haben Sie ein Buch geschrieben (und nicht unbedingt auch veröffentlicht). Könnte auch sein, dass Sie für die Kosmetikfirma Ihrer Freundin eine kleine PR-Kampagne oder die Webseite entworfen haben …

Seien Sie findig! Gegen den Strom schwimmen Sie übrigens auch, wenn Sie einfach hundert Prozent zum Hausfrauendasein stehen und sich nicht, wie manche Bewerbungsratgeber empfehlen, als Familienmanagerin positionieren, während Sie sich in Wirklichkeit wie eine Hausfrau fühlen. Ihr Gegenüber spürt, dass Familienmanagement für Sie Waschen, Putzen, Bügeln bedeutet – das schöne Wort maskiert diese Tätigkeiten nur.

Machen Sie aber auch nicht den Fehler, Ihre lange Pause im Nachhinein zu problematisieren: »Ich war ja lange raus aus dem Beruf – ist schwer, da jetzt wieder reinzukommen.« So deuten Sie geradezu mit dem Finger auf Ihre Unsicherheit. Betonen Sie stattdessen, was Sie für den zukünftigen Arbeitgeber leisten können. Dabei sollten Sie auf keinen Fall Ihr Licht in typisch weiblicher

Bescheidenheit unter den Scheffel stellen, sondern ruhig etwas dicker auftragen.

Monika, der nach sechs Jahren als Nur-Mutter der Wiedereinstieg als Produktmanagerin gelang, erzählt:

»Von meinem Arbeitsamtberater kam nur die blöde Bemerkung, dass ich mit 37 als Frau schon zu alt sei für die Vermittlung auf eine so anspruchsvolle Position. Da gäbe es keine Teilzeitarbeit. Und dann so lange aus dem Beruf ... Ich habe mich davon nicht entmutigen lassen und Unternehmen gesucht, die für mich ein positives Image ausstrahlten. Es hat mich selbst überrascht, wie schnell sich durch so einen Anruf interessante Gespräche entwickelt haben. Manchmal geht es anfangs schwer und stockend, doch ich konnte das Eis fast immer brechen.

Mit der Zeit bin ich auch forscher beim Telefonieren geworden – dabei habe ich insgesamt nur etwa zwanzig Telefonate geführt. Selbst wenn aktuell keine Stelle frei war, bin ich oft eingeladen und auf den Herbst vertröstet worden.

Meine Unterlagen? Die habe ich immer auf das vorhergehende Gespräch abgestimmt und in 80 Prozent der Fälle per E-Mail versendet. In meinem Lebenslauf habe ich die Erziehungszeit mit meinem Engagement in einer Bürgerinitiative und meiner Promotionarbeit für meine Frauenband gefüllt. Dazu habe ich erfolgreiche ›Produkteinführungen‹ aufgeführt: Christian, meinen Ältesten, der Klavier und Flöte spielt. Und Eric, den Kleinen, dessen selbst gemalter Krankenwagen es neulich bis auf die Kinderseite unserer Tageszeitung geschafft hat.

Wenn ich nach meiner langen Auszeit befragt worden bin, habe ich gesagt, wie viel Freude mir die Zeit mit den Kindern bereitet hat, dass es für mich anstrengend, aber oft auch genussvoll war. Offenbar habe ich aber auch glaubwürdig zum Ausdruck bringen können, dass ich an einem Punkt angelangt war, wo ich die Arbeit in meinem Beruf wieder aufnehmen wollte, weil nun wieder eine andere Zeit herangereift sei. Nach zwei Monaten habe ich meinen Arbeitsvertrag unterschrieben. Später habe ich auch noch von anderen der von mir kontaktierten Firmen Angebote bekommen.«

Kreative Bewerbungen für Arbeiter und Handwerker

Ein Personalchef? Mit der Personalabteilung haben Sie als Facharbeiter oder Handwerker in der Regel gar nichts zu tun. Sie gehen direkt zum Boss, und zwar persönlich: Handwerkern und Arbeitern empfiehlt sich, mit dem Lebenslauf unterm Arm oder auf dem Rücksitz des Fahrrads einen Rundgang bei allen infrage kommen Betrieben zu unternehmen.

Manchmal macht es auch Sinn, nach einem ersten telefonischen Kontakt einmal im Betrieb vorbeizuschauen. Das Motto: »Hallo, hier bin ich, ich habe ganz viel Lust zu arbeiten!« Wer auf diese Art und Weise Begeisterung zeigt, hat im persönlichen Gespräch schon fast gewonnen.

Kreativität können Sie vor allem bei der Suche nach dem künftigen Chef an den Tag legen. Nur selten schalten Handwerksbetriebe Anzeigen; hier müssen Sie selbst aktiv werden. Standard ist der Blick in die Gelben Seiten sowie auf regionale Webseiten mit Branchenverzeichnissen und Stellenmärkten der Arbeitsagentur oder im Internet *(www.arbeiten.de)*.

Ein bisschen mehr für Ihren Erfolg tun Sie, wenn Sie zusätzlich Informationen über den Betrieb einholen: Hat die Firma eine Webseite? Wie präsentiert sie sich dort? Kennen Sie Menschen, die von Erfahrungen mit Ihrem eventuellen zukünftigen Chef berichten können? Wo arbeitet der Meister gerade? Wie ist sein Arbeitsstil? Sind die Auftraggeber zufrieden? Fragen Sie in Ihrer Umgebung nach: Vielleicht ist da jemand, der jemanden kennt, der wiederum ... genau – der die Firma kennt, bei der Sie sich bewerben wollen.

Ist der erste Kontakt mit dem Arbeitgeber geknüpft und ein persönliches Gespräch vereinbart, sollten Sie Ihre Unterlagen gründlich vorbereiten: Anschreiben, Lebenslauf, Zeugnisse und Praktikumsnachweise, ordentlich kopiert. Dabei müssen Sie keine besonderen Details ausarbeiten, und ein aufwendiges Layout ist auch überflüssig – der zukünftige Chef hat sich ja bereits ein individuelles Bild von Ihnen machen können.

Wenn Sie sich auf eine ausgeschriebene Stelle bewerben, sieht das schon etwas anders aus. Doch auch hier sollten Sie, falls eine Telefonnummer angegeben ist, erst einmal anrufen und dann erst die Unterlagen schicken. Deren Gestaltung mithilfe berufsspezifischer Cartoons oder Cliparts – in größeren Unternehmen tabu – soll bei Bewerbungen im Handwerk in Einzelfällen schon gut angekommen sein. Die größte Herausforderung dabei ist es, den Geschmack des Chefs zu treffen.

Gerade in kleineren Betrieben zählt vor allem ein gutes Verhältnis unter den Beschäftigten. Gegenseitige Sympathie ist dort noch viel wichtiger als in einem größeren Unternehmen, wo Sie Ihren Chef nur alle paar Tage sehen. Informieren Sie sich über die Vorlieben des Chefs und eventuell Ihrer Kollegen im Hinblick auf mögliche Parallelen. Ist der Boss wie Sie Motorradfreak, Hobby-Webdesigner oder ganz »jeck« auf Karneval?

Je mehr Sie darüber hinaus über Ihre zukünftigen Aufgaben und den Betrieb wissen, desto besser kommen Sie wahrscheinlich bei der Bewerbung an. Lehrstellensuchende sollten außerdem Begeisterung rüberbringen und Grundkenntnisse unter Beweis stellen. Dazu gehört es, die Produkte und das Arbeitsmaterial zu kennen.

Doro, Floristikmeisterin und Inhaberin mehrerer Blumengeschäfte, berichtet über ihre Bewerberauswahl: »Schulzeugnisse sind mir persönlich egal. Liebe zu Blumen und kreatives Geschick – das setze ich aber bei einer Bewerbung um eine Lehrstelle oder einen Job voraus. Dazu gehören auch Sinn für hübsche Dekoration und Modebewusstsein. Jaja, es gibt wirklich so was wie ›florales Design‹, das ist mehr als reines Handwerk.

Natürlich muss ein Bewerber auch kontaktfreudig sein und auf die Leute zugehen können. Plaudern ist geschäftsfördernd. Und – klar! – muss er sich auch mit Blumen auskennen und wissen, was der Unterschied zwischen Nelke und Narzisse ist. Ganz exotische Namen kann er aber auch im Job lernen, das frage ich nicht ab.

Was ich mache? Ich fordere Interessenten auf, einen schönen Strauß zu binden. Bewerbungsunterlagen, na ja – Zeugnis sowie einen Lebenslauf zum Überfliegen und für die Akten, das genügt.«

Nicht aus jedem Flirt muss eine Arbeitsbeziehung werden!

»Nach gründlicher Prüfung haben wir uns für einen anderen Kandidaten entschieden.« Jetzt bitte keine Selbstzweifel. Und schon gar keine Tränen. Es hat nicht geklappt. So wie aus Ihrem letzten Flirt eben auch keine Beziehung entstanden ist. Ein bisschen Zwinkern, so vis-à-vis, ist ja auch ganz schön.

Allerdings kann man sich dabei ja auch schon mal vergucken – in den Falschen. Oder in ein Unternehmen, das zu diesem Zeitpunkt einfach nicht »Mr. oder Mrs. Jobright« war. Vielleicht auch in eine Firma, in die Sie hervorragend gepasst hätten, die aber Ihre wahren Werte nicht erkannt hat, weil der Personalchef einfach nach Schema F entscheidet und Sie nun mal nicht Schema F sind. So was ist natürlich am schwersten zu schlucken.

Wenn Sie eine Absage nicht verstehen können, rufen Sie an, und fragen Sie nach. Fragen Sie um Ihrer selbst willen! Akzeptieren Sie aber auch, wenn man Ihnen eventuell die Wahrheit verschweigt – weil zum Beispiel die Stelle innerbetrieblich vergeben wurde, was das Inserat im Nachhinein als Farce enttarnt.

Das Allgemeine Gleichstellungsgesetz (AGG) lässt offiziell keine andere Auskunft zu, außer »jemand anderes passte eben besser«.Trotzdem: Manchmal gibt es in so einem Telefonat sinnvolle Tipps, und möglicherweise erhalten Sie einen Hinweis, wo Sie sich sonst noch bewerben können oder was Sie beim nächsten Mal im Vorstellungsgespräch besser machen können.

Schlucken Sie also, und holen Sie tief Luft. Sagen Sie sich: Ist egal, halb so schlimm – andere Arbeitgeber haben auch freie Stellen. Schauen Sie sich Ihr Traumunternehmen beim nächsten Mal vielleicht etwas genauer an. Dass ein Frosch zum Prinzen werden kann, das wissen Sie ja. Sie müssen nicht mit jemandem das Leben verbringen, nur weil er oder sie einen klingenden Namen hat: Siemens! Deutsche Bank! Manche werden vielleicht bei Müller & Schulze glücklicher.

Trotz meiner Tipps kann es Ihnen passieren, dass Sie eine glatte Absage bekommen, obwohl Sie aufgrund Ihres Profils und Ihrer Persönlichkeit hervorragend in die Firma gepasst hätten. Und obwohl die Bewerbung so richtig genial war. Kann das sein? Ja! Überall dort, wo Personal eingestellt wird, sitzen schließlich Menschen: große Leute, kleine Leute; dicke Leute, dünne Leute; schlaue Leute, dumme Leute.

Und einer dieser Dummen hat sich vielleicht gerade gegen Sie entschieden. Möglicherweise, weil Sie schlau sind (was Dumme ja manchmal nicht so gut ertragen können) oder einfach zu groß (was manchen Kleinen verführt, seine »Größe« und Macht auszuspielen).

Sie haben nur die kreative Gestaltung Ihrer Bewerbungsunterlagen in der Hand – was sich hinter den Kulissen der Firma, bei der Sie sich beworben haben, abspielt, entzieht sich leider Ihrer Macht und Ihrem Einfluss.

Manchmal herrscht dort das pure Chaos. Einer meiner Klienten hatte sich bei einem Autohersteller beworben. Die Einladung zum Vorstellungsgespräch erfolgte erst nach mehreren Monaten – da war der Kandidat längst anderweitig verpflichtet. Was er dem Interessenten auch mitteilte. Trotzdem sandte ihm das Unternehmen nach weiteren zwei Wochen einen Arbeitsvertrag zu. »Puh«, dachte der Bewerber, »Glück gehabt, dass ich dort nicht gelandet bin!« Eine solche Verwechslung spiegelt deutlich den chaotischen inneren Zustand eines Unternehmens, zumindest aber einer Abteilung wider.

Eine weitere Bewerberin, Anna Jaques, hatte sich bei einem großen Leverkusener Konzern vorgestellt. Die Absage erfolgte angeblich »nach gründlicher Prüfung«. Die Prüfung war allerdings derart »gründlich« ausgefallen, dass der Brief und auch das Anschreiben an »Herrn Anna Jaques« adressiert waren. Eigentlich zum Lachen, oder? Schwamm drüber – und die nächste Bewerbung in Angriff nehmen. Dieses Mal klappt es bestimmt!

Nicht aus jedem Flirt muss eine Arbeitsbeziehung werden!

Das Internet: viele Möglichkeiten für eine kreative Bewerbung

berufsstrategie

Svenja Hofert

Jobsuche und Bewerbung im Web 2.0

Wie Sie das Internet als Karrieresprungbrett nutzen

126 Seiten, broschiert

Euro 9,95 (D)/sFr 18,90/Euro 10,30 (A)

ISBN 3-978-8218-5951-4

Das Web 2.0 revolutioniert Jobsuche und Bewerbung: mit Blogs, Videos, Podcasts, sozialen Netzwerken und einer neuen Generation von Jobbörsen. Svenja Hofert zeigt, wie mit dem Internet auf eine ganz neue Art präsentieren, unkompliziert Kontakte herstellen und alternative Bewerbungswege beschreiten kann.

Die zentralen Themen:

- Übersicht: Die Anforderungen von 25 Topunternehmen
- Sich optimal in Weblogs & Co. präsentieren
- Gefunden werden über XING & Co.
- Internetbewerbung im Zeitalter von Web 2.0
- Innovative Videobewerbungen und Podcasts

Eichborn

Kaiserstraße 66
60329 Frankfurt
Telefon 069 / 25 60 03-0
Fax 069 / 25 60 03-30
www.eichborn.de